KB044657

디자인과 철학의 공간

우리 궁궐

탐방의 재미를 더하는 궁궐건축에 숨은 이야기

디자인과 철학의 공간

우리 궁궐

권오만

門化光

밥북
B·O·B·K

궁궐,
무심한 일상의 공간을 넘어서는 특별함

생동감이라고는 찾아보기 힘든 고리타분한 옛것. 나이 많은 어르신들의 잔소리처럼 따분하고 지루한 곳. 결국 미루어 두었던 숙제를 몰아 해치우듯 서둘러 다음, 또 다음으로 이동을 거듭했던 공간.

광화문으로 시작하여 근정문, 근정전, 그리고 향오문과 후원 공간으로 구성된 조선왕조 500년을 지켜온 경복궁 탐방 얘기다.

아무리 세계적으로 디자인이 뛰어난 건축물이라도 특별한 목적이나 사전 준비 없이 마주했거나, 또는 생활 속에서 무심히, 지속해서 접한 다면, 그 건축물은 그저 무의미하게 시간이 멈춰버린 공간일 뿐이다. 고체화된 건물에 불과할 뿐이니 특별한 감흥도 감동도 느끼지 못하는 게 어쩌면 당연하다. 단지 궁궐로만 아는 경복궁이라는 건축물이 주는 기억과 감흥이 그러할 것이다.

스페인의 안달루시아 지방을 여행할 때의 기억이다. 갑자기 떠나온 가족여행이라 아무런 사전 지식과 준비 없이 방문한 어느 도시. 정수리가 따가울 정도로 쏟아져 박히는 한여름 땡볕 아래, 어린 동행의 투정을 달래가며 줄을 서서 기다렸다. 마침내 입장권을 사고 유명한 성당에 입장할 수 있었다. 높은 천장이 주는 위압감과 웅장함을 느끼며, 오래된 성당의 그늘 안으로 들어섰다.

막상 안에 들어서니 눈꺼풀을 찌푸릴 정도로 강렬한 햇빛에 적응했던 시 세포가 어둠이라는 극단적인 변화에 암전(暗轉)되는 현상이 빚어졌다. 벽을 더듬으며 무작정 앞사람의 뒤를 따를 수밖에 없었다. 뿌옇던 것들이 차츰 눈에 들어오고 낯선 공간을 조금씩 익혀갈 즈음, 색감 넘치는 화려한 스테인드글라스를 뚫고 조화롭고 아름다운 빛이 쏟아져 들어왔다. 찬란함 이상의 신비로움마저 안겨준 그 빛은 성당 내부의 묵직한 어둠, 종교적 경건함과 어우러져 지겹도록 끈적거리던 더위마저 싹 가시게 했다.

성당을 둘러보며 다시는 만나기 어려운 기회라는 절박함으로 보이는 하나하나에 집중하게 됐고, 마음은 마치 기도하듯 절로 경건해졌다. 오랜 역사와 많은 이야깃거리를 간직한 그곳은 세비야 성당이다. 그렇게 만난 고풍스러운 모습의 세비야 성당은 마치 오랜 역사를 마주한 것처럼, 특별한 추억으로 남았다.

금세 바닥을 드러낸 얕은 지식 탓에 딱히 갈 곳도 없었다. 그러면서도 진정한 여행은 승리의 깃발을 꽂으며 몰아치듯 내달리는 점령군의 질주 같아서는 안 된다고 믿었다. 그렇게 합리적 핑계로 무장된 게으름을 앞세우고 못다 둘러본 곳은 없는지 어슬렁거리며 돌아다녔다.

그다음 날, 하릴없이 돌아다니던 저녁 무렵, 멀리서 들리는 고즈넉한 종소리에 이끌리듯 한 방향으로 몰려가는 무리에 우리도 섞였다. '무슨 일일까?' 하는 막연한 호기심 하나만으로 무리를 따라 커다란 건물의 옆문으로 들어갔다.

한데 그곳은 전날 입장료를 내고 힘들게 줄을 서서 들어갔던 세비야 성당이었다. 그 사실을 깨달았을 때 느꼈던 혼란과 자책은 무어라 표현할 수 없었다.

조용히 울려 퍼지는 종소리에 입장했던 무리는 때맞춰 성당에서 미사를 드리려는 그 마을 사람들의 행렬이었다. 여행자들에게는 세계사 박물관과도 같았던 오래된 성당이 그 지역 사람들에게는 그저 일상의 미사를 드리는 마을의 성당일 뿐이었다. 똑같은 공간의 성당이지만 이를 받아들이는 건 사람에 따라 다르다는 사실 앞에 난 당황스럽고 혼란하기만 했다. 겨우 정신을 차린 이후에는 이런 성당을 일상의 종교시설로 이용하는 그들이 부럽기만 했다. 그러면서 혹시 이 마을에 더 머무를 기회가 생긴다면 종교적 신념은 상관없이 마치 오랫동안 그래 왔다는 듯이 이 성당에서 이들과 함께 평화롭게 미사를 드리고 싶다는 생각이 들었다.

세비야 성당의 콜럼버스의 관을 받쳐 든 기사와 관람객들의 소망기원에 발등이 닳은 동상

세계인이 찾는 세비야 성당을 종교적 공간으로 이용하는 그곳 사람들은 그 성당을 어떻게 생각할까? 그들 역시 우리가 경복궁을 대하는 것

처럼 일상에 있을 뿐인 공간으로 여기며 그 가치를 모를 수도 있다. 아니면 우리와 달리 일상의 공간으로 이용하면서도 그 안에 담긴 역사와 의미마저 누릴 수도 있다. 후자라면 좋겠다. 우리도 우리의 소중한 공간들을 일상으로 지나치기보다는 그곳이 지닌 가치를 느끼고 누렸으면 좋겠다.

내가 방문했던 세비야 성당을 비롯한 이국의 역사적 공간을 누린 사실을 기뻐하고 자랑스러워하기보다 우리의 역사와 문화가 깃든 경복궁을 문턱이 닳도록 찾아 아껴주고 자긍심을 가져보면 어떨까? 사실 우리가 무관심한 경복궁도 다른 나라에서 온 여행자들에게는 내가 세비야 성당에서 받은 느낌과 다르지 않을 것이다. 독특하고 의미 있는 특별한 역사 공간으로서 경복궁, 우리의 더 깊이 있는 관심과 애정이 필요한 건 아닐까.

지금부터 지루하게만 여겼던 경복궁을 비롯한 우리의 궁궐 등 전통 공간에 마음을 열고 약간의 지식과 관심을 더해 들여다보자. 이 책의 끝부분 즈음에서는 아마 그 공간들이 지금까지와는 전혀 다른 느낌과 감흥으로 다가올 것이다. 그러면서 무심히 지나쳤던 많은 것들이 허물없는 친구처럼 내 곁으로 다가올 것이다.

2022년 봄, **권오만**

차례

1장

풍수적 입지와 유교적 이상향

2장

궁궐 수호와 임금의 권위

3장

디자인일까? 철학일까?

_ 1장

풍수적 입지와
유교적 이상향

새로운 권력과 천도

경복궁은 태조 이성계가 고려왕조를 무너뜨리고 세운 새로운 나라 조선을 통치하기 위해 조성한 국가의 권위를 상징하는 왕궁이다. 조선 시대 이전인 고려 때에는 나라를 통치하는 행정, 정치적인 수도가 지금은 북한 땅에 속한 개성에 있었다. 그러나 개성이라는 곳은 이전의 왕조, 즉 왕(王) 씨 성을 가진 왕가와 권력을 나눈 혈연, 인척, 또는 정치적 동맹 등, 복잡하고 끈끈한 이해관계가 얽혀있는 곳이었다. 그 세력들의 탄탄한 지지 기반 또한 개성에 뿌리를 두고 있었다.

군사반란을 통해서 정권을 찬탈한 이성계는 자신을 지지하지 않는 정몽주와 같은 많은 정적들을 제거하거나 회유를 통해서 자신의 정치적 기반을 안정시켜야 했다. 대항할 수 없는 강력한 무력 덕분에 반대세력들의 표면적인 반발은 수그러들었지만, 이성계는 언제, 어떤 방식으로 표출될지 모르는 이전 왕권 지지 세력들의 반격에 극도로 예민할 수밖에 없었다.

이러한 위기의식과 불안감은 서둘러 수도를 새로운 곳으로 옮기기로 한 가장 큰 이유였다. 나라의 정치, 행정의 중심인 수도를 옮기는 것은 과거 정권의 세력 기반을 무너뜨리고 그들이 누리던 기득권과 정치력을 약화시키는 일이다. 더불어 어지러운 민심을 새롭게 할 수 있는 상당히 강력하고 효과적인 방법이다.

이성계는 풍수가들을 보내 새로운 수도를 찾아내도록 명하였고, 충청남도 계룡산 근방을 새로운 수도로 정하고 이전할 준비를 하였다. 그렇지만 이곳이 타당하지 않다는 경기도 관찰사 하륜을 포함한 신하들의 반대 의견을 받아들여 그곳으로의 수도 이전을 중단하였다. 다시 최적지를 찾았고 당시 굳건한 신뢰와 신통력을 인정받았던 무학대사가 찾아낸 현재의 경복궁이 있는 자리, 한양을 국가의 중심지로 하는 수도로 정하게 된다.

한양 천도의 과정에는 많은 어려움과 고민이 뒤따랐다. 반대세력들이 비용적 측면과 실익, 민심 이반 등의 다양한 이유를 들어 강력히 반대하였기 때문이다. 이성계는 여기에 굴하지 않고 강력히 수도 이전을 추진하였고, 새 나라를 이끌어갈 강력한 정치력과 그것을 상징적으로 보여줄 수 있는 공간을 구성하였다. 이를 통해 이성계는 고려 시대 기존 권력층인 개성을 기반으로 힘을 키운 정치 세력들을 분산시키고 그들의 영향력을 약화시키고자 하였다.

경복궁

[출처: 문화재청 국가문화유산포털]

　이런 이유로 결정된 천도에서 당시 한양을 수도로 정할 수 있었던 가
장 큰 사상적 배경은 풍수지리(風水地理)라는 전통적 지리법이다. 이
풍수지리가 이성계의 강력한 천도 의지와 맞물려 한양으로의 천도에 중
요한 역할을 하였다.

신앙이자 지리학으로서의
풍수지리

풍수(風水)는 바람과 물, 산세(山勢)·지세(地勢), 방향 등 자연조건의 힘에 의존하는 일종의 전통신앙이다. 풍수는 땅과 인간의 관계, 즉 근본 발생적 관계에서 관찰하는 방법인 감여(堪輿), 그리고 풍수의 학리적 설명인 지리(地理), 그리고 피흉(避凶), 구복(求福) 술법에 중심을 둔 지술(地術)이라고 부르기도 했다.

풍수는 말 그대로 바람과 물의 기운에 따라 사람의 길흉화복이 영향을 받는다는 것을 뜻한다. 풍수의 원리는 죽은 사람의 뼈가 생기를 타고 혈족에게 영향을 입힌다는 동기상응(同氣相應) 또는 생기감응(生氣感應)으로 설명한다. 중국 진나라 때 곽박(郭璞)이 저술한 장사를 지내는 예법인 〈장경〉(葬經)에는 〈청오경〉(靑鳥經)에 기록되었던 문구를 인용하여 풍수를 "기승풍즉산 계수즉지"(氣乘風則散 界水則止, 기는 바람을 타면 흩어지고 물의 경계에서는 멈춘다)라고 설명하였다.

이 말처럼 풍수는 기가 흩어지지 않도록 바람을 갈무리하고 물을 경계로 하여 기가 머무를 수 있는 장풍득수(藏風得水)의 혈처를 찾아 그 좋은 기운이 오래도록 혈족이나 국운에 전해지도록 하려는 신앙이자 지술법이다. 다시 말해 풍수는 예부터 산 사람이나 죽은 사람의 공간을 정함에 있어 바람과 물을 보는 복거(卜居, 살만한 곳을 정하는 일)와 상지(相地, 땅의 길흉을 판단하는 일)를 따지는 행위이다.

풍수지리와 관련하여 가장 자주, 쉽게 쓰는 말 중 하나는 명당(明堂)인데 명당을 잘못 이해하는 경우가 많다. 명당은 혈의 앞쪽에 해당하는 상대적으로 넓고 햇빛이 잘 드는 따뜻한 공간으로 음택(陰宅)의 경우 묘지의 앞, 양기(陽基) 또는 양택(陽宅)의 경우 건축물의 앞 공간을 가리키며, 청룡, 백호로 에워싸인 곳을 말한다. 명당이라고 하는 명칭은 천자(天子)가 군신의 배하를 받는 곳이라는 의미이며, 이곳이 혈에 대해 참배하는 곳인 까닭에 이렇게 이름을 붙인 것이다.

풍수에서 혈족에게 영향을 주는 핵심적인 곳을 혈(穴 또는 혈처)이라고 한다. 결국 풍수의 핵심은 혈을 찾는 것인데 대개의 경우 이 혈을 명당(明堂)이라는 말로 잘못 사용하고 있다. 따라서 풍수이론을 바탕으로 '명당을 찾는 일'은 '혈처를 찾는다'로 해야 조금 더 올바른 표현이다. 풍수와 관련된 고서는 〈금낭경〉, 〈청오경〉, 〈인자수지〉 등이 있다.

풍수는 용(龍), 혈(穴), 사(砂), 수(水), 향(向)의 형상이나 좋고 나쁜 기운이 도시 또는 거주 공간, 즉 살아있는 자들의 공간인 양기(양택)나 죽은 자의 공간인 음택(무덤)을 통해서 후손들의 길흉화복에 감응을 일으켜 영향을 준다는 이치이다. 여기에서 용(龍)은 혈처에 기운을 주는 지맥의 흐름, 혈(穴)은 지맥이 생기를 맺는 자리, 사(砂)는 혈의 주위를 둘러싼 산이나 언덕들을 말한다. 특히 이들 중 사는 방향으로 구분하여 왼쪽에는 청룡, 오른쪽에는 백호, 앞에는 주작, 뒤에는 현무라 하는데 이들을 모두 묶어서 사신사라 한다. 그리고 수(水)는 주변에 흐르는 물의 양과 방향에 따른 길흉의 기준이며, 혈과 사가 합한 곳을 묶어 하나의 취합 규모로 국(局)이라 한다.

현대의 과학적 판단 기준으로 생각한다면 터무니없는 얘기라 할 수 있겠다. 그렇지만 심리적, 종교적인 측면에서 생각한다면 전혀 근거 없는, 미신을 신봉하는 일이라고만 치부하기도 어렵다. 최근에는 생태적 활동이 왕성한 생물 다양성 측면의 생태 서식공간인 비오톱(biotope)과 풍수지리적 관점의 혈처와의 연관성 또한 환경, 생태적 측면에서 주목받고 있다. 예전에는 생명의 기운, 생명활동이 왕성한 곳을 혈처라 하였고, 바로 그러한 곳이 현대에 들어서는 생물 다양성이 높은 비오톱에 해당하는 것이다.

풍수설에서 길지를 고를 때 그 기본적 관점이 되는 것은 산(山), 수(水), 향[向, 또는 방위(方位)] 세 가지이며, 풍수의 구성은 이 세 요소의 길흉·조합에 의해 성립한다. 곽박은 〈장경〉에서 '득수위상'(得水爲上),

'장풍차지'(葬風次之)라 하여 생활의 근본인 물을 얻는 것이 풍수의 최 우선이라고 하였다. 결국, 풍수설은 생활상의 적지(敵地)를 고르려는 사고에서 출발한 것으로 볼 수 있다.

이러한 사항들을 고려하여 판단한다면 풍수는 예전에는 신앙이자 삶의 터전을 찾기 위한 지리학이었지만, 현대에는 자연의 생명활동이 가장 왕성하여 보호, 관리해야 할 대상지와 관련된 환경 과학적 측면으로 이해할 수 있다.

설화와 풍수지리에 담긴
한양 천도의 당위성

한양 천도와 관련되어 전해지는 이야기들이 있다. 이야기들은 천도의 어려움을 미루어 짐작게 하기도 하지만, 천도에 따른 정치적 위험을 회피하려는 의도가 담긴 것으로도 보인다.

천도할 곳을 찾던 당시 무학대사는 현재 서울 서대문구 독립문 근방에 있는 무악재를 넘어오며 한양의 풍수적 지세가 과연 나라의 수도가 될 만한 지기를 품고 있는지를 살펴보고 있었다. 아무리 신통한 능력을 겸비하고 왕의 신임을 받는 몸이라지만 한 나라의 수도를 정하는 길지를 찾아 정하는 일은 무학대사에게도 당연히 부담스럽고 어려운 일이었다.

이성계가 충남 계룡산 아래에 도읍을 세우려 할 때, 계룡산 산신이 꿈에 나타나 '이곳은 장차 정(鄭) 씨의 도읍지이고 이(李) 씨의 도읍은 한양에 있으니 그곳으로 찾아가는 것이 좋다'고 하였다 한다. 이에 이성계는 승려 무학을 데리고 한양으로 향했다. 이때 무학대사가 넘었던 고개라 해서 그의 이름을 따 붙인 무악재가 지금까지 사용되고 있다.

　이성계와 무학대사는 현재의 경복궁 터 인근, 북악산 아래쪽 넓은 땅이 마음에 들었지만, 한 나라의 수도가 될 만한 길지인지는 확신이 없었다. 그래서 여러 날을 북악과 남산 사이에서 고민하며 돌아다니다가 지금의 왕십리 근방에서 한 범상치 않은 한 노파를 만나 물었다. 그 노파는 '여기서부터 십 리, 약 4km 정도 더 간 곳이 좋다'고 대답하였다. 노파의 말에 확신을 얻은 무학은 이미 마음속에 정해두었던, 왕십리에서 북서방향으로 십 리가 되는 인왕산과 북악산 밑의 현재의 경복궁 터를 조선의 수도로 천거할 수 있었다. 노인을 만난 그곳은 왕궁의 명당지처까지는 십 리를 더 가라는 뜻으로 지명이 왕십리가 되어 현재까지 그대로 불리고 있다.

　이 결과를 두고 많은 호사가들은 그때 만일 왕십리에서 북서방향인 현재의 경복궁 터가 아닌 북동방향으로 십 리를 가서 도읍을 정했다면, 조선왕조가 오백 년이 아닌 천 년 국운의 도읍을 찾았을 것이라 주장하지만, 이것은 결과론적인 얘기에 불과하다.

　무학에게 십 리를 가라고 했던 신비한 노파는 물음에 답을 하고는 홀연히 사라졌다고 하는데, 이 이야기는 천도의 당위성을 알리는 하나의 수단으로 나오지 않았을까 한다. 보편적으로 신령스런 인물을 통해 문제를 해결하는 옛날이야기처럼 한양 천도 역시도 신비한 노인을 등장시켜 천도에 따르는 반대의 목소리를 일거에 잠재운다. 즉, 수많은 반대가 뒤따르고 엄청난 비용과 국력을 쏟아야 했던 천도라는 정치적 결정을, 신령한 인물의 주문에 따른 일로 바꿈으로써, 천도의 당위성을 높이고 흐트러진 민심마저도 효과적으로 설득하고 있는 것이다.

당시 개성에서 한양으로 수도를 옮겨야 한다는 당위성 중 풍수지리적 의견이 큰 몫을 했다. 개성에서 남동쪽으로 보이는 곳에 서울의 삼각산 봉우리가 있는데, 이 봉우리의 모양이 흡사 도둑놈이 무언가를 훔쳐가 기 위해 남의 집 담장 안을 기웃거리듯 넘겨보는 형태라는 말들이 퍼진 것이다. 풍수적 명칭으로는 규봉(窺峯)의 형태인데, 그러면서 개성이 안 좋은 기운을 가진 곳으로 점차 인식되어 갔다.

결국 개성이 가지고 있는 도읍으로서의 상징적 기운을 한양에 지속해 서 빼앗긴다 하여, 이를 지키기 위해 개성에는 상징적 의미로 돌이나 철 로 만든 개와 등(燈)을 비치하는 풍수적 염승(厭勝, 억누르다는 의미로 엽승이라 읽기도 함)의 방법을 적용해서 곳곳에 비치했다고 한다. 염승 은 넘치거나 좋지 않은 기운을 누르는 방법인데 반대로 부족한 기운을 북돋우는 방법은 비보(裨補)라 한다.

이렇게 돌을 깎아 만든 개 또는 거리를 밝히는 등을 만들어 기운을 뺏기는 것을 막으려 한 방책은 한양 천도의 당위성과 민심을 형성하는 데 힘을 실어주는 역할을 했을 것이다. 뺏기지 않으려 막고 지키면, 그

럴수록 더 쉽게 뺏기게 되는 것이 세상의 이치이다.

한양 천도에는 앞의 이야기에서 알 수 있듯이 고단수의 심리적 방법과 풍수적 논리까지 동원해야 했다. 도읍을 옮기는 일은 쿠데타로 왕에 오른 이성계가 자신의 입지를 다지는 데 꼭 필요한 일이었다. 그러나 천도는 자칫 새로운 왕조의 꿈을 한순간에 앗아갈 수도 있을 만큼 크고 무거운 일이었다. 이성계는 천도라는 전 과정을 무학대사를 내세워 치밀하면서도 차근차근 준비했고 성공할 수 있었다.

이성계는 마침내 한양을 새로운 나라 조선의 수도로 확정하고 그 핵심 공간인 혈처를 중심으로 경복궁을 짓게 된다.

북한산 북서방향(북한산성 입구)에서 본 규봉 형상의 북한산 봉우리

조화와 균형,
우리 궁궐이 보여주는 미래 건축

1392년에 조선왕조가 개국하여 1394년에 개성에서 한양으로 천도하였고, 1395년에는 제일의 법궁(法宮)인 경복궁이 완공되어 조선왕조의 한성 시대가 막을 올린다.

경복궁의 건축에는 앞에서도 설명하였지만, 일종의 종교이자 좋은 땅을 고르는 상지법 개념의 전통 지리학인 풍수지리가 크게 영향을 미쳤다. 그 외에도 유교, 불교, 도교 등의 종교관과 철학, 문학, 그리고 세상 만물의 기원과 법칙을 해석하려는 음양오행 사상을 비롯한 우리 민족의 전통적 우주관 등을 총망라해서 설계하고 공간배치를 하였다.

경복궁과 같은 전통 공간에 대한 경관을 제대로 이해하려면 전통의 종교, 사상, 문학, 철학을 포함한 우리의 우주관에 대한 이해가 선행되어야 한다. 경복궁은 문학, 역사, 철학, 즉 문·사·철(文·史·哲)과 전통적 세계관을 바탕으로 중국 주대의 관제(官制)를 기술한 경서인 〈주례고공기〉(周

禮考工記)라는 도성 건설 기본배치 예법에 따라 설립하였기 때문이다.

1405년(태종 5년)에는 경복궁의 이궁(離宮)으로 창덕궁을 완공하였
는데, 창덕궁은 경복궁과 다른 공간 구성을 보여준다. 경복궁과 달리
주변의 산세, 능선 등 자연의 흐름에 순응하는 건축 양식으로 지어진
것이다. 이런 창덕궁은 친환경적 공간 구성이라는 전통건축 양식을 보
여주면서도 공간 활용의 자긍심을 보여주는 특별한 공간이다.

우리의 전통건축의 큰 장점 중 하나는 자연의 흐름을 깨거나 해치지
않고 순응하여 어울리도록 한다는 점이다. 자연에 순응하는 건축은 주
변 환경을 거스르지 않고 균형과 조화를 이루어 더 훌륭한 경관을 형
성한다. 이를 볼 때 우리의 전통건축은 미래 건축이 풀어야 할 과제의
해결 방법을 제시하고 있다. 지금보다 600여 년 전 건축물에서 환경과
조화를 이루는 건축이라는 오늘날의 문제를 해결할 방안을 제시했다
는 사실은 참으로 놀라운 일이다.

안타깝게도 경복궁과 창덕궁은 1592년(선조 25년) 임진왜란으로 전
소하였고, 소실된 지 270여 년이 지난 1867년(고종 4년)에 흥선대원군
주도로 경복궁이 중건되었다. 이궁으로 사용되었던 창덕궁은 광해군
때 재건하였고 경복궁이 중건되기 전까지 조선의 법궁 역할을 해왔다.
창덕궁은 조선의 궁궐 중 법궁인 경복궁보다 더 오랫동안 임금들이 거
처로서 궁궐의 역할을 해온 셈이다.

자연과 조화를 이루고 있는 창덕궁

[출처: 문화재청 국가문화유산포털]

경복궁과 창덕궁 외 조선의 궁궐로는 특별히 동향으로 건립된 창경궁
(1483년, 침전은 남향)과 경희궁(경덕궁), 덕수궁(경운궁)이 있다. 이 궁
궐들은 조선의 5대 궁궐로서 역사의 풍파 속에서 나름의 역할을 해왔
다. 1395년에 설치하여 역대 왕들의 신위를 모신 신궁 종묘 역시 궁궐
과 같은 위계에 포함시키기도 한다.

5대 궁궐 중 창덕궁과 창경궁은 〈주례고공기〉라는 틀에 박힌 듯 정형

화되도록 정한 예법보다는 우리 고유의 가치관과 자연환경을 반영한 공간 활용의 방법을 택하였다. 어울림의 지혜를 택하여 지어진 창덕궁과 창경궁이 여느 전통건축보다 더 아름답고 편안하게 느껴지는 것은 당연한 결과일 것이다.

'궁'과 '궐'이 만나 이룬 궁궐

    조선왕조의 법궁인 경복궁이 있는 공간을 '궁궐'이라고 평소에 쉽게 지칭하여 왔지만, 정작 궁궐의 의미를 정확히 아는 사람은 드물다.

일제 강점기 때의 동십자각과 경복궁 외성 석장(石墻)

[출처: 국립중앙박물관]

궁궐이란 어떤 의미, 무슨 뜻일까? 궁궐은 말 그대로 '궁'과 '궐'로 나눈다. '궁'은 천자, 제왕, 왕족이 거주하는 공간으로 격식을 갖춘 큰 건물을 의미하고, '궐'은 궁을 둘러싼 외성과 궁의 출입구 좌우에 설치한 망루를 모두 포함한 개념이다. 따라서 '궁궐'이라 하면 외성과 망루를 갖춘 왕족이 거주하는 격식 있는 건물과 공간이다.

다음 페이지 사진은 지금은 외성과 동떨어져 큰길 한복판에 고립된 모습으로 있는 동십자각이다. 이 동십자각은 경복궁의 외성을 지키는 망루로서 이 망루와 외성 등이 궐에 해당한다. 이 궐이 둘러싸고 있는 왕이 거주하는 큰 건물을 궁이라고 하는데, 궁과 궐을 한데 묶어 부르는 공간이 궁궐이다.

결국 궁궐은 왕이 나라를 다스리고 생활하는 공간뿐만 아니라 왕의 안위를 지키려 쌓은 궁성과 망루를 가리키는 공간인 셈이다.

법궁(또는 정궁)은 왕과 왕비의 거처를 포함한 정치중심지의 역할을 하는 곳이고 행궁은 정궁을 떠나 다른 곳에 거동(擧動, 임금의 나들이) 할 때 왕이 잠시 머물러 생활하는 곳이다. 대표적인 예로는 수원행궁과 같이 선조 왕의 무덤인 능을 참배하기 위해 잠시 머무는 곳을 행궁이라 한다. 수원행궁뿐 아니라 유사시에 사용하기 위해 남한산성과 북한산성 등에 설치했던 행궁과 터도 있다.

고립된 섬처럼 보이는 경복궁의 망루 동십자각의 현재 모습

망루 동십자각과 분리된 경복궁을 둘러싼 외성

왕족이 살고 있지만, 정궁이 아닌 거처를 이궁이라 한다. 주변의 산세, 능선 등의 자연적 흐름, 지세에 따라 건립된 창덕궁은 이궁이었지만 오랫동안 정궁의 역할을 담당해왔다. 조선 초기 왕권을 잡기 위해 왕자의 난을 일으켜 형제들을 죽이고 태조 이성계를 뒷전인 상왕으로 물러나게 하는 과정에서 태종 이방원은 자기 형제들의 피를 흘렸던 경복궁에서의 생활이 불편했기에 도읍을 개성으로 잠시 옮겼다가 다시 한양 환도 후에는 이궁인 창덕궁에서 머물렀다. 창덕궁은 자연의 흐름에 따라 짓다 보니 전체적인 배치가 정감이 있고 넓은 후원은 왕과 왕족들에게 더할 나위 없이 훌륭한 휴식공간이었기 때문이다.

근정전 동쪽은 오행(五行)에서 봄에 해당하며, 만물의 기운이 태동하는 방향이라 하여 세자와 세자비의 생활공간인 동궁(東宮)을 배치하여 이곳에 살았던 세자를 동쪽 궁에 계시는 왕자, 동궁마마라 불렀다. 동궁은 세자궁(世子宮), 춘궁(春宮)이라고도 했다.

천만 인구에도 끄떡없는
천혜의 입지와 명당 경복궁

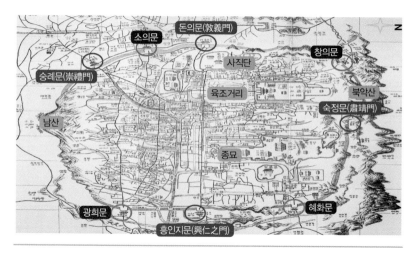

한양 도성도

위의 그림은 경복궁을 구성한 부속 시설들, 궁궐을 둘러싼 한양 도성
과 도성 안팎을 출입하기 위해 설치한 사대문과 사소문의 위치를 나타
낸 조선 시대 한양의 배치도(한양 도성도)이다.

풍수지리에서 기는 바람을 만나면 흩어지고, 물을 만나면 멈춘다 하였다. 따라서 좋은 기운이 바람에 흩어지지 않도록 바람을 갈무리해서 가두어야 한다. 또한 지맥(地脈)을 따라 흐르는 기가 빠져나가지 않고 멈춰 맺힐 수 있도록 물이 경계를 짓고 있어야 좋은 기운이 흩어지거나 다른 곳으로 흘러 도망가지 않고 후손들에게 전달할 수 있다. 바람은 가두고 물을 얻을 수 있으며 혈이 맺혀 좋은 기운을 지속적으로 후손들에게 감응케 하는 곳을 장풍득수의 혈처라 한다.

이런 측면에서 보면 경복궁은 북악산에서 흘러들어온 지맥이 왕과 왕비의 일상 공간이자 침전인 강녕전과 교태전이 중심이 되는 혈처에 맺히고 있다. 즉, 세세만년 자자손손 좋은 기운을 지속적으로 흘려보내주는 훌륭한 명당 터인 것이다.

앞의 한양 도성도 그림을 자세히 살펴보자.

북악산(백악산)에서 흘러온 기운이 경복궁 터에 맺히고, 더 이상 기운이 빠져나가지 못하도록 서쪽 방향(인왕산)에서 물이 솟아 동쪽으로 흐르는[서출동류(西出東流)] 청계천이 가로막아서 기가 흘러나가는 것을 막아주고 있다. 우측에는 인왕산, 좌측에는 낙산이 감싸주고 있어서 바람을 가두어 두는 역할 또한 충실히 해주고 있다. 또한, 남산을 넘어가면 청계천과는 비교도 안 되게 큰물인 한강이 동에서 서쪽으로 흘러서 좌, 우의 양쪽 팔로 감싸듯이 끌어안고 있는 모습으로, 일체의 지맥기운이 빠져나갈 수 없도록 막아주는 형상이다.

우리나라는 동쪽이 높고 서쪽이 낮은 전형적인 동고서저(東高西低)형의 지형으로 인하여 거의 모든 강이나 하천이 동쪽에서 시작하여 서쪽을 향해 흐른다. 물론 예외적으로 두만강은 서쪽에서 시작하여 동쪽으로 흐르지만 거의 모든 하천, 강물이 동쪽에서 서쪽으로 흐른다. 그러다 보니 서쪽에서 출원하여 동쪽으로 흐르는 물은 상당히 귀한 존재인데 그런 이유로 서출동류의 흐름은 쉽게 얻지 못하는 특별한 명당수라 할 수 있다.

바로 경복궁 앞을 흐르는 청계천이 경복궁의 서쪽에서부터 시작하여 동쪽으로 흐르는 이른바 서출동류의 명당수이다. 그렇지만 서출동류를 명당수로 일컫는 건 그 자체의 특별한 의미보다는 동고서저형 지형에 따른 우리나라에서는 찾아내기 어려운 귀한 흐름이기 때문이다. 물론 이론적으로도 동쪽에서 유입된 물의 흐름과 서쪽에서 흘러들어온 물의 흐름이 서로 엇갈리듯 겹쳐 감싸 안는 형국을 형성하기 때문에 이러한 서출동류의 명당수가 흐르는 땅은 풍수적으로 특별한 조건을 갖췄다고 볼 수 있다.

이에 반해 중국의 경우는 우리나라와 달리 서쪽이 높고 남동쪽이 낮아서 대다수의 하천과 강의 흐름이 서쪽에서 출원하여 동쪽으로 흐르는 서출동류의 조건이다. 이럴 경우 동출서류, 즉 동쪽에서 나와 서쪽으로 흐르는 물이 귀할 테니 오히려 동출서류의 흐름이 더 명당수라고도 할 수 있겠다. 그렇지만 풍수에서는 물이 흐르는 방향보다는 흘러들어오는 물[득(得)]은 잘 보이되 빠져나가는 물[파(破)]은 보이지 않게끔

방향을 잡은 자리, 즉 득파(得破)의 형태와 방향을 더 중요하게 여기고 그러한 입지를 재물이 쌓이는 명당으로 생각하고 귀하게 여긴다.

풍수의 득수법(得水法)을 살펴보면, 산은 길위(吉位)에서 오는 것이 좋고 물은 흉방(凶方)으로 사라지는 것이 좋다. 물은 반드시 한때 고였다가는 다시 흘러가는 것이 길하며, 직류하여 무정한 것은 피한다. 물이 흘러오면 그 근원이 보이지 않고, 흘러가면 앞의 산이 둘러싸서 흘러나가는 곳이 보이지 않는 것이 길하다고 설명한다.

풍수지리에서 물은 돈과 부귀 등 재산에 해당하는 개념이기 때문에 물이 많으면 부자가 된다, 또는 물자가 풍성하게 된다는 의미이다. 따라서 이렇게 물이 들어오는 곳, 즉 입수구는 잘 보이고, 이와 반대로 흘러가는 곳인 퇴수처는 잘 감추어져서 보이지 않는 곳이 돈과 재복이 쌓여 한번 들어온 돈은 빠져나가지 않는다고 해석하기 때문에 입수구와 퇴수처의 형태와 방향을 더 중요하게 여긴다.

현실적으로도 물길은 많은 재화, 식량, 기타 유형의 물품들을 실은 배와 같은 운송수단이 다니는 통행의 기능을 갖는 곳이다. 그런 만큼 물이 많은 곳은 사람들의 왕래도 잦고 물질적으로 풍부해서 그렇게 해석하는 것이 무리도 아닐듯하다. 물론 현재에도 국내외를 막론하고 물이 많은 곳, 좋은 경관을 가지고 있는 물가 자리의 부동산은 가격도 비싸고 부자들이 차지하고 있는 경우가 대부분이니 역시 예나 지금이나 물과 재화, 돈의 관계는 필연적인 듯하다.

경복궁은 살펴본 대로 풍수의 기본적인 구성요건인 장풍득수처로, 혈처의 기운이 흩어지지 않도록 바람은 가두고 물을 얻어 혈처에 기운이 맺히도록 한다는, 풍수적 길지에 해당하는 기본적인 형국을 잘 갖추었다. 또한, 바람을 잘 갈무리하고 서쪽에 위치한 인왕산에서 발원하여 동으로 흐르는 청계천의 물이 북악산에서 흘러들어온 좋은 기운이 흩어져 빠져나가지 못하도록 잘 막아준 형태의 지형이다.

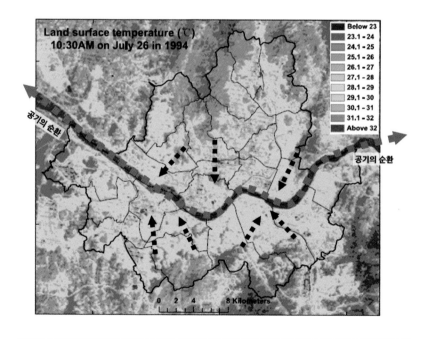

서울시 지표 온도(1994년 7월)와 공기의 순환
[출처: 최광용(2011). 도시기후 연구의 과거, 현재, 미래. 기상기술정책]

경복궁은 이러한 풍수적 길지의 지형을 자연스럽게 이용하면서, 중국의 역대 왕조 도성 건설의 기본예법인 〈주례고공기〉에서 규정한 궁궐의 예법에 맞는 기준으로 배치하였다.

현대에 들어 1천만 명 이상의 인구가 집중되어 경제활동과 삶의 거처로 이용하고 있는 수도 서울은 과거와 비교하면 공간적 범위는 넓어졌지만, 여전히 한 나라의 수도로서 역할을 충분히 하고 있다. 특히 도시를 관통하는 한강과 도시를 둘러싼 북한산 등의 자연조건은 오늘날 1천만 명이 모여 사는 거대도시가 유발하는 극심한 환경오염에서도 깨끗한 공기를 공급해주는 동시에 순환시켜주고 있다. 아울러 이런 자연조건은 각박한 도시생활에 지친 시민들의 훌륭한 안식처이자 휴식공간 역할을 하고 있다.

서울이라는 도시가 오늘날에도 세계적인 도시로서 손색없는 적지(適地)임을 생각할 때, 600여 년 전 땅의 기운과 미래를 내다보며 한양을 수도로 정한 혜안은 참으로 경이롭다.

좌종묘 우사직 관제와
창의적 배산(背山) 입지

〈주례고공기〉는 국가의 행정조직과 각 관의 직제 등 중국 주대의 관제(官制)를 기술한 경서이다. 서주 초기(B.C. 12세기)의 주공(周公)이 정한 예제(禮制)를 기록한 것인데 전한 무제(재위 B.C. 141~B.C. 87) 때, 하간(河間)의 헌왕(獻王)에게 이씨(李氏)가 바쳤다 한다.

도성 건설에 관한 기록인 장인조 '영국(營國)과 건국(建國)' 편에 '匠人管國, 方九里, 旁三門, 國中九經九緯, 經徐九軌, 左祖右社, 面朝後市'라고 기록하였다. 왕궁을 배치할 때 규모는 사방 9리(方九里)의 넓이에 3개의 문(旁三門)을 통해 출입할 수 있도록 궁궐을 형성하고, 전체적인 공간의 배치는 좌묘우사(左廟右社) 면조후시(面朝後市)로 배치하라는 의미이다.

경복궁은 평면배치를 정할 때 이를 참조하여 사방 9리(方九里)의 규모는 선택된 부지 크기에 맞춰 줄였다. 또 좌조우사(左祖右社), 면조후시(面朝後市)의 규정을 따라 좌측에는 종묘, 우측에는 사직단, 전면에

중앙 관청인 이·병·호·예·형·공조의 6조인 궐외각사와 통행로를 배치하였다. 후면에는 시장(後市)을 배치하여야 한다는 규범이 있지만(평지가 많은 중국은 자금성 뒤쪽에 큰 시장 배치), 이는 산악지형인 우리나라 국토의 특성과 맞지 않았다. 그래서 궁궐배치의 기본 틀은 유지하되 시장이 아닌, 한겨울 북풍을 막아주는 든든한 북악산을 등 뒤(後山)에 두는 배산(背山)의 형국을 택하였다.

경복궁은 이처럼 중국의 규범을 적용하면서도 그 규범을 무작정 따르기보다는 입지, 주변 지세, 공간규모에 맞추어 창의적으로 변환, 적용하였다.

좌묘우사, 궁궐의 좌우에 종묘와 사직을 배치한 것은 종묘사직(宗廟社稷)이 그만큼 중요하다는 의미이다. 요즘은 TV에서 정통 역사 드라마를 자주 방송하지 않아 접하기 힘들지만, 예전에는 드라마 속에서 신하들이 임금의 결정에 반대하여 청을 올릴 때 '전하 이 나라의 종묘사직을 어찌하시려고 그러십니까? 통촉하여 주시옵소서!'라며 대응하는 모습을 많이 볼 수 있었다. 이때 통촉(洞燭)은 윗사람이 아랫사람의 사정이나 형편 따위를 깊이 헤아려 살핌을 얘기하는 것이고, 종묘사직은 상징적으로 왕실과 나라를 뜻하는 것이다.

종묘사직에서 종묘는 역대 임금의 신위를 모신 신궁에 해당하는 곳이고, 사직은 토지신과 식량과 농사를 주관하는 곡신을 의미한다. 종묘는 역대 임금의 신위를 모신 곳이니 조상 숭배에 엄격했던 유교의 특성

종묘 정전 전경

[출처: 문화재청 국가문화유산포털]

사직단

[출처: 문화재청 국가문화유산포털]

상 가장 신성하고 왕조의 정통성을 입증하는 공간이다. 토지신과 곡신을 모시는 사직단 역시도 당시 농업경제에서 토지와 식량은 민생 안정을 이루는 나라의 근간이었던 만큼 종묘 못지않게 중요했다.

이 두 곳은 국가의 유지 보존과 관련된 곳이었던 만큼 왕이 머무는 궁궐 좌측에 종묘, 우측에 토지신과 곡신을 모시는 사직단을 두고 관리하면서 절기에 맞춰 왕이 친견하여 제례를 지내왔다.

현대 국가에서도 마찬가지이지만 왕조 시대에도 권력의 정통성과 민생 안정은 빼놓을 수 없는 중요 요소였다. 임금은 계승한 왕권으로 종묘사직, 즉 나라의 보존과 발전을 추구했다. 이를 위해 궁궐 좌측 종묘에 역대 임금의 신위를 모시고, 궁궐 우측에 사직단을 두어 풍요로운 민생의 안정을 기원했다.

한양 도성과
동대문·남대문에 담긴 풍수적 해법

임금의 거처인 궁궐을 중심으로 좌묘우사, 면조후산의 기본적인 배치와 설계를 끝내고 무학대사가 궁궐의 기초를 정하는 소임을 맡아 궁궐을 짓기 시작하였다. 이때 궁궐 건축과 관련하여 전해지는 이야기가 있다.

무학대사가 궁궐을 짓는 데 중심기둥이 서지를 않고 자꾸 쓰러져 기둥 하나를 세우는 데도 힘에 겨워 해결책을 고민하고 있었다. 그때 마침 멀지 않은 밭에서 검은 소를 부려 땅을 갈던 늙은 농부의 소리가 들렸다. 농부는 제 뜻대로 소를 부릴 수 없자 소를 질책하며 말했다.

"이 종잡을 수 없는 놈, 너의 심술이 무학과도 같구나."

농부의 질책에 자신의 이름이 나온 걸 들은 무학은 깜짝 놀라 늙은 농부가 범상치 않게 생각되어 그에게 조언을 구했다.
무학의 요청에 농부가 답했다.

"한양은 학이 날개를 편 형태를 이루고 있습니다. 이 땅은 그 등에 해당하는 곳이니 여기에 건물을 지으려면 그 학의 날개를 누른 뒤가 아니면 안 됩니다. 날개를 그대로 두고 등에 기둥을 세우려 하니 어찌 그것이 넘어지지 않겠습니까?"

그 말을 들은 무학은 농부의 말을 따라 궁성을 먼저 쌓고 그 후 궁궐을 세웠다고 한다.

우여곡절 끝에 궁궐을 짓고 한양을 방어하기 위해 도성을 쌓고는 도성의 안팎을 드나드는 출입구인 동서남북 4방향의 중심문인 사대문을 만들었다. 그리고 그사이에 창의문(북서쪽), 소의문(남서쪽), 광희문(남동쪽), 혜화문(북동쪽) 등 4개의 작은 문을 만들어 전국 팔도와 연결된 8개의 문과 한양의 성곽까지 완성하였다.

한양 도성 사대문 중에 동대문과 남대문을 설치할 때에는 특별한 방책을 더했는데 이와 관련된 풍수지리적 해석과 관련된 내용이 있다. 풍수지리에서는 사신사에 해당하는 전후좌우 4방향의 형세인 전주작, 후현무, 좌청룡, 우백호의 모양으로 기운의 좋고 나쁨, 약하거나 강함 등을 판단하여 길흉을 예측하고, 거기에 맞는 방향을 선택하거나 염승, 비보 등의 방책을 마련한다. 그리고 지맥이나 산맥의 흐름을 판단할 때는 구불거림이 약한 모습이거나 직선의 형상으로 기운 없이 뻗으면, 늘어진 뱀과 같아서 좋지 않은 기운인 흉을 가져온다고 판단한다.

한양 도성의 좌측인 동쪽 낙산의 지형은 산의 형세가 낮고 기운이 약해서 죽은 뱀처럼 힘이 없고 늘어져 보인다. 그래서 약한 기운을 보충하기 위해 토목 공사를 통해서 흙을 돋아 곡성을 만들었지만 그래도 부족하다고 판단됐다. 그래서 다른 문과는 달리 동대문의 이름 끝에 갈지(之)자를 더 넣어서 특별히 4글자를 만들어 '흥인지문'(興仁之門)이라 명명하여 기운을 북돋웠다. 그렇지만 결과적으로 임진왜란 때 왜병들이 사대문 중 가장 기운이 약한 동대문을 통과해 들어왔고 한국전쟁 때에도 적군들이 동대문으로 입성했다는 후일담이 있다.

물론 임진왜란 등의 외침에 쉽게 뚫리는 지형적 약점 때문에 이후에 토목 공사 등을 통해 보강했다는 기록이 있는데, 어찌했건 풍수적 관점에서의 약한 입지에 관한 판단은 틀리지 않았던 듯하다.

사대문 중 남쪽으로 향한 숭례문은 관악산(冠岳山)을 마주 보고 있다. 여기에도 풍수지리적 방책이 사용되었다. 관악산은 음양오행의 기운으로 판단할 때 불의 기운이 있는 산으로 해석하여 관악산 연주봉에 바다의 큰물을 상징하는 소금과 화기를 제압하는 9개의 방화 부적을 묻어 좋지 않거나 넘치는 기운을 억누르는 풍수적 비법인 염승을 하였다. 거기에 더하여 남대문의 이름은 특별히 수직으로 써서 화기, 불의 형상을 상징하는 디자인으로 글씨를 썼다. 숭례문(崇禮門)의 '숭'과 '예'자 역시 목·화·토·금·수(木·火·土·金·水)의 오행 중 화기에 해당하는 불을 상징하는 글자여서 이이제이(以夷制夷), 즉 불은 더 큰불로 제압한다는 의미로 대응하도록 하여 화재예방에 큰 공을 들였다.

숭례문(남대문)

[출처: 문화재청 국가문화유산포털]

흥인지문(동대문)

[출처: 문화재청 국가문화유산포털]

건축에 필요한 자재는 그 지역에서 쉽게 구할 수 있는 재료를 활용하는 게 당연한 방법이다. 우리나라의 경우 큰 공간을 형성하는 구조체를 지지하는 재료로는 목재가 가장 구하기 쉬웠던 탓에 전통건축의 재료는 항상 목재가 중심이었다. 목재는 단열효과, 심미적 느낌, 가공 편의 등 많은 장점이 있으나 화재에 취약하다는 점 때문에 불은 두려움의 대상이었다.

그 때문에 목조건물에 발생하는 화재를 염려하여 남대문 앞에 남지(南池)라고 하는 못을 만들고 그것으로도 부족해서 광화문 앞에는 해치라고 하는 바다의 상징적 동물을 설치하였다. 이렇게 화재를 막기 위한 노력은 참으로 대단할 수밖에 없었는데 아무래도 건축물의 주요 구조체인 목재가 갖는 화재에 대한 취약점 때문에 생기는 어쩔 수 없는 고민이었을 것이다.

화재에 대한 방비의 목적으로 설치했던 남지에는 다음과 같은 일화가 전해진다.

남대문 앞에 설치한 남지라고 하는 못은, 남지에 물이 많이 차오르면 남인들이 득세한다는 속설이 있었다. 남지는 이러한 당파싸움의 희생물이 되어 메워지기도 하였다. 이후 폐지(廢池)가 된 남지를 깊게 파고 다시 물을 넣어 옛 모습으로 복원하였더니 남인파인 허목(許穆)과 채상락(蔡相洛) 등이 복직되었고, 그해에 남인파 4명이 급제를 했다는 이야기이다.

이렇게 의미를 두고 배치한 사대문의 이름은 동서남북 대문의 순서대로 흥인지문(興人之門), 돈의문(敦義門), 숭례문(崇禮門), 숙정문[肅靖門, 또는 홍지문(弘智門)이라는 주장도 있음]이라고 지었다. 사대문의 이름에는 조선 시대 통치의 중심사상이었던 유교 철학적 의미가 함축적으로 내포되어 있다.

남산의 형상과 뽕나무밭

주작(朱雀)은 중심 공간에서 정면으로 마주 보는 곳에 위치한 산이나 지형지물의 형세를 설명하는 동물이다. 주작은 앞에 위치한다 해서 전주작이라고 붙여서 말하는데 전(前)은 앞이라는 의미, 주작은 남쪽 방향, 또는 중심 공간의 정면을 지키는 붉은 색의 신령스런 봉황과 같은 모습의 상징적 동물이다.

전주작의 위치인 남쪽에는 남산이 있는데, 남산은 풍수적으로 설명할 때 한자로 책상 안(案) 자를 써서 책상 모양으로 위압감을 주지 않는 정도로 너무 높지 않고 편안하게 외풍을 막아주며 좋은 기운을 주는 안산에 해당한다.

눈앞을 가로막고 있는 산이 너무 높으면 능압(陵壓)하여 기세에 눌리고 좋지 않다고 생각했는데, 대개 그 높이가 중심 공간에서 보는 시각으로 눈썹의 높이보다 낮은 위치에 있어야 편안하고 좋다고 판단한다. 야트막한 책상 모양의 산은 높지 않으니 그 기세가 중심 공간인 혈처를 능압하지 않고 책상이라는 상징적 의미가 더해져 기운을 든든하게 보완해주거나 조화를 이룰 수 있다고 생각하여 좋은 의미로 여긴다.

남산은 예전에는 목멱산(木覓山)이라고도 불렀는데, 그 형상이 누에를 닮아서 한양의 안산인 남산의 기운이 좋아야 국운이 흥할 것이라는 생각에 남산의 기운을 북돋워 주기 위한 비법을 사용했다.

풍수지리에서 부족하거나 모자란 기운을 북돋는 방법을 비보(裨補)라고 한다. 비보는 앞에서 설명했던 넘치는 기운, 나쁜 기운을 누르는 방법인 염승과는 서로 반대되는 방법이다. 동대문인 흥인문에 지(之)를 넣어 흥인지문으로 부르는 것, 토목 공사를 해서 산세를 북돋워 주고 곡성을 만든 것, 모두 부족한 기운을 북돋워 주는 비보의 방법이라 할 수 있다.

염승(厭勝)과 비보(裨補), 서로 상대되는 단어이지만 자연에 순응하여 공간을 활용하고 건축을 하는 방법이라는 점은 다르지 않다. 자연의 형세가 불리할 때 부족한 부분은 비보라는 방법을 통해서 모자란 기운을 북돋워 채워주고, 넘치거나 좋지 못한 기운은 눌러서 균형을 맞추어 편안하게 하는 방법이 염승이니, 둘 다 지혜가 담긴 방법이었다.

남산에서 잘 내려다보이는 강 건너 벌판에 뽕나무밭을 조성해서 남산의 상징적 형상인 누에가 좋아하는 먹이 뽕잎을 공급하는 역할을 하는 것이 바로 남산의 기운을 돋워주기 위한 비보의 방책이었다. 뽕나무밭이 조성된 지역은 뽕나무를 키워 누에를 치는 곳이란 의미로 잠실(蠶

室)이라는 지명을 얻고 현재까지 사용하고 있다.

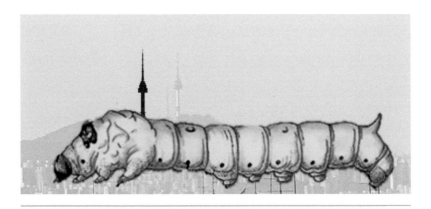

누에의 머리 부분에 침을 꽂아 놓은 듯한 남산타워의 형상

그런데 이렇게 한양의 풍수적 기운에 큰 영향을 주는 중요한 남산에 N서울타워가 설치되어있다. 앞에서 남산의 형상이 누에와 같다고 했는데 이 타워는 위 사진에서 보듯 누에의 목 뒷부분을 가늘고 긴 핀으로 찔러서 제압한 형국이다. 이 때문에 우리나라 국운이 펼쳐지지 않는다고 주장하는 현대의 풍수지리적인 해석도 있다.

이러한 형상적 해석에 따라 기운을 억눌러 끊거나 북돋워 주는 사례는 상당히 많다. 일제 강점기에 우리나라에서 큰 인물이 나오지 못하도록 큰 인물이 태어날 조짐이 보이는 기운 좋은 산의 혈맥 자리에 쇠말뚝을 박아놨다는 얘기가 그 예이다. 실제로 이러한 쇠말뚝을 제거하는 일이 벌어지기도 했는데 아직도 많은 산에 혈맥을 약하게 만들 목적으로 박아놓은 쇠말뚝이 상당히 존재한다고 한다.

지맥(또는 혈맥)은, 산에 흐르는 용맥이라고도 하는데 풍수지리적 해석으로 상당히 중요하고 신성하게 여겼다. 현대에도 서울의 외곽순환도로를 만들 때 서울의 진산인 북한산에 도로를 내어 지맥을 훼손하거나 터널 시공을 맡았던 토목회사들이 모두 부도가 나서 큰 흉을 당했다며 구체적으로 몇몇 회사 이름을 거론하기도 한다. 물론 결과론적인 얘기라 크게 믿을 것은 못 된다.

남산타워와 관련된 또 다른 이야기가 있다. 우리나라 국보 1호인 남대문에 불이 난 직후에 지인을 통해서 전해 들은 이야기이다.

당시에 모 업체의 행사에서 N서울타워에 레이저를 비추는 레이저 쇼를 한 적이 있었다. 마침 그곳을 지나던 유명한 도인이 '남산에서 저런 식의 불쇼를 하면 국가에 큰 재난이 생길 텐데 조만간 불과 관련된 큰일이 날것이니 못 하게 막아야 한다'고 걱정(현대에도 이런 유형의 도인들과 그들의 예언이 나름의 영향력을 미치기도 한다)했었다고 한다.

그 날 이후 며칠 안 지나서 남대문에 화재가 발생해서 전소되는 모습을 전 국민이 TV 중계로 지켜보는 가슴 아픈 불상사가 있었다. 당시의 국보 1호인 남대문을 지키지 못했다고 많은 사람이 크게 낙담을 했던 기억이 있는데, 이 역시 사고 이후에 이야기를 전해 들은 것이니 믿거나 말거나 결과론적 이야기이다.

72개 방위와 나경패철

풍수지리에서는 지형이나 지세의 형상을 파악하여 해석하는 형기풍수론적 방법과 방향에 따른 길흉을 예측하는 이기풍수의 방법을 결합하여 나경패철이라는 나침반과 이를 기준으로 분류한 88향법을 적용하여 지리의 좋고 나쁨을 해석한다.

풍수지리에 사용되는 나경패철

서양에서는 동서남북 4개의 방위가 기준인 데 비하여 우리의 전통 상지법은 24개의 기본방위를 3개씩 더 분할하여 72개의 방위로 상세히 구분하여 길흉화복을 예측한다.

예전에는 나경패철 하나만 있으면 최소한 밥은 굶지 않는다고 할 정도로 풍수가의 해석을 신뢰하고 의존하였다.

사대문과 보신각으로 구현한
'인의예지신'

 한양 도성에 사대문과 사소문을 만들어 전국 팔도와 연결했는데 그중에 사대문은 한양 도성의 동서남북에 설치한 우리가 잘 알고 있는 흥인지문(興仁之門), 돈의문(敦義門), 숭례문(崇禮門), 숙정문(肅靖門) 등동·서·남·북으로 통행하기 위한 중심 통로이다. 지금은 경제 규모의 발전과 그에 따른 인구집중으로 인해 서울의 범위가 강북과 강남까지로 지속적인 확장을 하여 왔는데 예전에는 한양 도성이 기준이었으며 도성을 기준으로 안과 밖에 거주하거나 통행할 수 있는 신분의 차이가 있었다.

 또한, 고려 때까지는 한양이라고 불렸지만, 조선 시대에는 한성부라 불렸고 한성부의 관할구역은 도성으로부터 10리까지로 제한하였다. 한양 도성에는 출입을 돕거나 통제하기 위해 4개의 문을 설치하고 이름을 지었는데 이전까지 고려의 통치기반이었던 불교를 대신하여 국가의 중심 통치이념으로 활용한 유교적 이론에 따라 한양 도성의 사대문 명칭을 지었다.

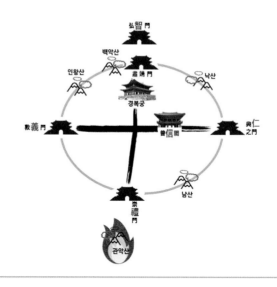

유교의 오상을 표현한 한양 도성문과 보신각

맹자에 나오는 인의예지(仁義禮智)에 해당하는 사덕(四德)에 한나라 동중서가 오행설에 기초해 추가했던 신(信)을 더하여 '인의예지신'(仁義禮智信)이라는 다섯 가지 성품을 유가에서는 오상(五常)이라 한다. 이는 '인간에게 있어서 변하지 않는 성품'이며 '인간과 짐승을 구분하는 경계'라고 생각하였다.

따라서 인의예지신은 유가의 기본이 되는 오상의 도라고 할 수 있는데 도성 사대문의 이름 가운데에 '인의예지'를 넣고 나머지 신은 도성의 중심에 위치한 보신각(普信閣)에 넣어 인간이 살아가는 곳, 즉 인의예지신을 모두 갖춘 이상적인 공간으로 형상화하고자 하였다. 동쪽 문을 흥인문, 서쪽 문을 돈의문, 남쪽 문을 숭례문, 북쪽 문을 숙정문 또는 인의예지신의 지에 해당하는 홍지문(홍지문과 숙정문은 서로 다른 문이다)이라 이름을 정하고, 도성 중심에 설치된 보신각과 함께 유교적 이상인 오상의 도 '인의예지신'을 완성하였다.

사대문의 이름과 보신각을 포함한 유교 오상의 도를 완성하기까지는 조선 시대 전반에 걸친 오랫동안 보수와 중수 등 많은 논쟁과 이를 해결해 나가려는 지혜와 노력이 필요했다. 하지만 이는 결과적으로 유교적 이상국가를 완성하려 했던 조선왕조의 확고한 의지를 확인시켜주는 산물이다.

한양 도성 사대문에 대해서, 특히 북쪽의 문에 대해서는 다소 이론이 있다. 훗날 숙종 때 북쪽은 음기가 많아 닫아두고 규모를 줄여 도성과 북한산성을 잇도록 축성한 세검정 인근의 홍지문(弘智門)으로 대신한다는 것과 숙정문 자체가 다른 이름으로 소지문(昭智門)이었다는 주장 등도 존재한다.

한양 도성의 사대문, 사소문에 대한 개념에 대해서는 다음과 같은 연구결과가 있어 참조하였다.

예종실록에서 영조 연간까지 한양 도성은 도성구문(都城九門)이라는 기록이 있고 숙정문은 처음부터 북대문으로 인식하지 않았다고 보이는데 이 도성문들은 서로 크기와 형태가 달랐고, 그 결과 위상에도 차이가 있었다. 여덟 문 가운데 숭례문, 흥인문, 두 개의 문만 대문으로 불렸다.

소문 역시 소의문(서소문), 혜화문(동소문), 두 문만이 해당하였다. 나머지 문들은 대문이나 소문으로 불린 바가 없었다. 각각 대문과 소문 사이이거나 아니면 소문보다도 격이 낮은 위상을 갖고 있었다고 보아야 한다.

또한, 조선 후기에 이르러 정문(正門)과 간문(間門)이라는 개념이 등장하였다. 대문과 소문은 법적인 개념이라기보다는 민간의 속칭이었던 데 비해서 정문과 간문은 법전에 등재된 개념이었다. 숭례문·흥인문·혜화문·돈의문이 정문, 창의문·숙정문·소의문·광희문이 간문으로 분류되었다. 여기서 주목할 부분은 혜화문이 정문인데 숙정문은 간문으로 분류되었단 점이다. 이러한 내용으로 판단하면 문에 대한 분류 기준은 관념적인 분류가 아니라 문의 크기와 형태, 실제 사용에 따라 사람들의 출입하는 빈도, 문을 여닫는 절차와 관리의 중요성 등 실질적인 면에서 분류하였던 것으로 판단된다.

새로운 나라를 안정적으로 오래도록 통치하기 위한 중심사상으로서 유교를 중요시했던 조선 시대에는 '오상의 도' 완성과 유교적 이상향이라는 상징성을 부여하기 위해 나라의 주요공간을 지키는 도성의 문 이름 하나를 짓는 데도 많은 공을 들이고 의미와 질서를 부여하는 결과로 나타났다. 이것은 궁극적으로 유교적 이상향을 구현하려는 강한 의지를 담아 사상적 근간을 정립하고 나라를 경영하려는 철학적 배경이 표출된 것이라 이해할 수 있다.

한양 도성 각자성석

　한편 한양 도성에는 건축을 맡은 담당자와 함께 공사에 참여한 석수 등 공사 책임자들의 이름을 새겨 놓았다. 각 장인에게 책임감을 일깨우고 향후에 발생할 수 있는 부실시공 책임을 가리기 위한 것이다.

　보이지 않는 곳, 잘 드러나지 않는 부분이라도 함부로 할 수 없는 투철한 책임시공의 사명을 엿볼 수 있다.

궁궐 공간배치와 무학대사의 예언

궁궐을 배치하는 예법 중 공간 구성에 대한 부분을 조금 더 상세히 살펴보면 중국의 궁궐인 자금성의 공간배치는 5문 3조의 예법을 따랐다. 다섯 개의 문과 세 개의 공간인 5문 3조 형식이라 할 수 있다. 5문은 맨 앞에서부터 고문(皐門), 고문(庫門), 치문(雉門), 응문(應門), 노문(路門)으로 구성하였고, 3조는 외조(外朝), 치조(治朝), 연조(燕朝)라고 하여 3개의 공간을 구성하였다.

이에 비해 우리의 궁궐은 다소 규모가 축소된 형태인 3개의 문과 3개의 공간으로 구성된 3문 3조의 배치 방법을 따랐다. 3문인 고문(皐門), 응문(應門), 노문(路門)과 외조(外朝), 치조(治朝), 연조(燕朝)라는 3개의 공간 구성을 한 것이다.

육조거리에 해당하는 광화문 광장을 지나면 만나게 되는 경복궁의 정문인 광화문이 고문에 해당하고, 이어지는 응문에 해당하는 근정문까지의 공간은 외조 공간으로 신하들의 활동 공간이며, 근정문에서부

터 향오문까지의 공간은 왕이 신하를 맞아 정치하는 공간인 치조 공간
이다. 그리고 노문의 역할을 담당하는 향오문 이후의 공간이 연조이다.
연조는 왕족이 생활하는 곳으로 궁궐의 바깥출입이 자유롭지 않은 왕
족을 위한 안쪽 깊은 곳의 사적 공간이다. 이후 공간에는 후원을 조성
하여 궁궐이라는 제한된 공간에서 엄격한 생활을 해야 하는 왕과 왕비
등의 휴식공간으로 사용하였다.

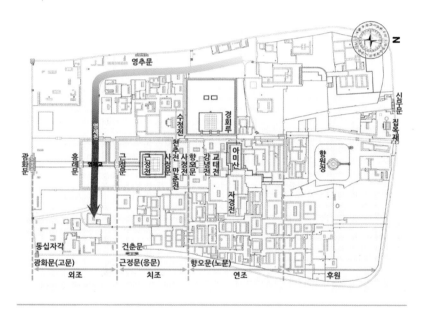

경복궁의 공간 배치

[출처: 문화재청(2009) 경복궁 복원 기본계획]

위 사진은 조선의 법궁인 경복궁의 평면배치도이다. 그림을 보면 주
요 건물을 중심으로 광화문(고문, 외조 공간) ⋯ 흥례문 ⋯ 근정문(응
문, 치조 공간) ⋯ 근정전 ⋯ 사정문 ⋯ 사정전 ⋯ 향오문(노문, 연조 공

간) ··· 강녕전 ··· 교태전 ··· 아미산과 경회루, 자경전 그리고 후원 등으로 구성되었다.

경복궁의 평면배치에 따른 수문분석을 하면 명당수인 영제천(빨간색 화살표의 흐름)이 북북서[해(亥) 방향]에서 출원하여 동[묘(卯) 방향]으로 흐른다. 이 물의 흐름은 혈처에 맺혀진 기운이 빠져나가지 못하게 막아주고 바깥의 나쁜 기운은 넘어 들어오지 못하도록 하려는 특별한 목적에 따라 억지로 동쪽으로 틀어 인위적으로 조정한 것이다.

공간적인 측면에서 시각을 조금 더 넓혀 살펴보면 한양 도성의 바깥쪽인 남산 너머에는 혈처의 바깥쪽에서 흘러가는 객수(客水)인 한강이 동에서 서로 흐르고 있다. 경복궁에 맺혀진 기운을 서에서 동으로 흐르는 영제천과 청계천, 그리고 이와는 반대 방향으로 흐르는 한강이 차례로 수구관쇄의 방법을 통해 좌우에서 감싸 안듯이 겹겹이 밀봉하는 극히 길(吉)한 물의 흐름을 갖고 있기에 최고의 명당지처라 할 수 있다.

또한, 건축적 측면에서 볼 때 경복궁의 배치는 관악산의 화기와 직접 맞닥뜨리는 것을 피하기 위해 정남향[자좌오향(子坐午向)]에서 동쪽으로 약간의 방향을 틀어[임좌병향(壬坐丙向)] 있지만 거의 정남향에 가까운 배치를 했다. 이것은 개국공신이자 유학의 대가인 정도전과 신의 경지에 도달한 예지력을 갖춘 무학대사와의 큰 의견충돌과 그에 따른 세력다툼의 결과였다.

무학대사는 인왕산(서쪽)을 뒤에 두고 북악산을 좌청룡, 남산은 우백호, 낙산은 전주작에 해당하는 안산으로 삼고 유좌묘향(酉坐卯向)의 동쪽이 정면이 되도록 경복궁의 향을 정해야 한다 주장하였다. 그렇지만 고래로 어떤 군주도 동쪽을 향했다는 전거가 없으니 예법에 따라 천자의 궁은 남향으로 해야 한다는 유학의 대가 정도전의 의견이 받아들여지면서 정남향에서 동쪽으로 약간 틀어진 지금의 경복궁의 좌향인 임좌병향의 남쪽으로 터를 잡았다.

북악산 숙정문 인근에서 본 경복궁으로 흐르는 지맥과 남산

경복궁의 향을 정하는 의견대립에서 좌절을 맛본 무학대사는 다음의 예언을 했다.

"신라명승 의상대사의 〈산수비기〉에 쓰여 있기를 도(都)를 택할 자가 승(무학)의 말을 믿으면 국운이 연장될 것이나, 정씨(정도전)가 나와 시비를 품으면 오세(五世)가 되지 못해 (왕위) 찬탈의 화를 면치 못하고, 200년 내외에 탕진할 위험(멸망)이 있을 것이라."

무학의 예언이 들어맞은 것인지, 결과론적인 판단인지는 모르나 실제로 얼마 안 되어 태종의 형제간 왕권 다툼으로 이방원이 형제들을 살해했던 1, 2차 왕자의 난이 일어났다. 이어 수양대군이 단종을 폐위시키고 스스로 왕에 오르는 계유정난의 변고와 조선개국 200년 후인 1592년에 임진왜란이 일어나 나라가 망할 지경에 이르렀다.

그뿐 아니라 무학대사는 '영천 무악재에는 3천 선사가 수도할 것'이라고 했는데 여기에는 일제 강점기에 3천 명을 수용하는 서대문형무소가 생겼고, '인재가 쏟아져 나온다'고 했던 낙산 아래는 지금은 관악구로 옮긴 서울대학교가 자리 잡았다. 그리고 '서쪽은 인왕산이 너무 강하여 군부가 장악하게 된다'고 했는데 5·16 군사쿠데타가 일어났다. 또한 '동쪽 낙산은 너무 약하다'고 걱정하였는데 임진왜란과 한국전쟁 때 적군이 동대문으로 입성했다. '남쪽에서 한양을 내려다보는 관악산 지맥의 영향으로 경상도 정권이 생긴다'고도 예언을 했다.

많은 예언이 모호한 서술과 이들의 결과론적인 해석으로 결과에 꿰맞추기식 방법을 통해 신빙성을 만들어 가기 일쑤다. 이와 달리 무학대사의 예언은 후대에 평가받을 만큼 신통하여 그가 예지력을 갖춘 신승(神僧)이 아니었을까, 생각이 들기도 한다.

배산임수 지형과 서울의 진산, 북악산·북한산

'배산임수!'

'풍수지리 하면 떠오르는 단어는?' 또는 '풍수지리의 기본이 무얼까?' 하고 물어보면 아주 많은 사람은 단박에 이렇게 대답한다. 그러나 배산임수(背山臨水)는 풍수지리의 이치가 아니다. 어딜 가나 산과 강이 지천인 우리 국토의 산악 지형적 특성 때문에 산과 강을 끼지 않고는 살수 없다. 이 특별한 입지로 인하여 피할 수 없이 선택되는 기본 배치구도가 바로 배산임수이다.

아주 조그마한 평지 또는 최소한의 생활을 영위할 수 있는 어떠한 공간이라도 그것이 형성되는 모든 곳에는 산이 있으니 당연히 산에 기대어야 하고, 산이 높고 골이 깊으면 자연히 물이 흐를 테니 배산임수는 다른 선택의 여지가 없이 우리에게 강요된 숙명 아닐까?

산기슭 경사진 면을 따라 내려오는 낙엽과 부숙토

집을 지을 때 산을 등지고 앞에는 넓은 들판을 두게 되면 산은 시시때때로 숲이 만들어 준 부숙토(腐熟土)와 같은 양질의 영양분을 경사면을 따라서 들판에 끊임없이 공급해주고, 이는 풍요로운 삶의 터전을 이어가는 바탕이 된다. 또한, 주거 환경적 측면에서의 배산의 장점은 한여름 뜨거운 태양이 마당을 달구면 가벼워진 열기가 위로 빠져나가고, 그 빈자리를 채우려 숲에서 내려온 시원한 바람은 대청마루의 바라지 문을 통과해 집안 곳곳을 시원하게 식혀준다. 또 한겨울에는 북쪽에서 불어오는 매서운 된바람을 산이 막아주어 따뜻하고 포근한 공간이 되게 한다.

민가뿐 아니라 우리의 궁궐 역시, 좌묘우사, 면조후시의 기본 구성 예법 중 시장을 뒤에 둔 후시를 따르지 않고 산을 뒷면에 배치하였다. 경복궁은 북악산을 배산하였고, 수도 서울은 북한산을 배산하였다. 풍수적 용어로 설명하면 '북악산을 진산으로, 또는 북한산을 진산으로 삼았다'라고 하는데 진산(鎭山)이란 양기(陽氣)를 진호하는 산이라는 뜻으로 산 위에 계신 부락 수호신에 의해서 생활의 안정을 보호받는다고 하는 관념이다.

한반도의 골격을 이루는 백두대간의 시조인 백두산에서부터 시작된 풍수적 지맥의 흐름을 타고 내려온 혈맥의 양기는 굉장히 강력한 고압

북한산

전류와 같다. 이러한 기운을 순화시키지 않고 바로 접하게 되면 고압 전류에 감전된 것과 같아 오히려 좋지 않다.

고압전류와 같이 강력한 기운이 산맥을 따라 구불구불 흐르면서 점차 약해지고 정제되어 내려오다 진산인 북한산, 북악산에서 마치 전기를 공급하는 변압기처럼 다시 한 번 양기를 모았다가 순화시켜 혈처에 지속적이고 안정적으로 좋은 기운을 내려 보내준다.

북한산, 북악산처럼 이런 역할을 하는 산을 진산이라 한다. 500년 도읍을 지탱해주는 풍수적 기운을 지닌 진산 북악산은 그 기운을 경복궁의 혈처에 지속적으로 흘려보내 명당지처를 진호해 주는 것이다.

자연지형의 명당지처,
경복궁 교태전 아미산

왕이 신하를 맞아 정치하는 치조의 공간인 경복궁의 근정전 뒤로 넘어가면 왕의 집무와 강론의 공간인 사정전이 있고, 이를 좌우에서 만춘전, 천추전이 보좌하고 있다. 서쪽 공간에 있는 수정전은 세종 때는 집현전으로 불렸고 훈민정음을 창제 반포하였던 곳인데, 고종의 집무실로도 사용했다.

이 공간을 지나 노문인 향오문을 지나면 왕의 사적인 생활공간인 연조에 위치한 왕의 침전이자 독서·사색의 공간인 강녕전(康寧殿)과 왕비의 침전(寢殿)인 교태전(交泰殿)이 있다.

교태전은 중궁전(中宮殿), 곤전(坤殿)이라고도 불렸는데 여성들의 공간이기 때문에 궁궐에서도 가장 깊숙한 안쪽 중심부에 위치해 구중궁궐이라 했다. 정면 9칸, 측면 5칸의 건물로 내부는 우물 정(井)의 모양으로 가운데 방을 왕과 왕비의 거처로 사용하고, 머리를 두는 동쪽은 비워두고 왕과 왕비가 합궁할 때는 나이 많은 상궁 3명이 남아 지켰다고 한다.

교태전의 의미는 '음(陰)과 양(陽)이 화합하고 잘 어울러 태평을 이룬다'는 주역(周易)의 원리를 통해 왕조의 법통을 생산하고 이어주는 왕비의 역할을 상징한다. 교태전은 공식적인 업무를 수행하는 왕비의 집무실의 역할도 겸하였는데 이를테면 내·외명부 총괄, 친잠례 등 주요업무와 혼례, 제사 등 왕을 보필하는 왕비의 공식적 업무를 수행하는 공간이었다.

왕비는 국모로 대접을 받고 있었으나 엄격한 유교적 예법에 따라 그 행동에는 많은 제약이 따랐다. 그래서 그에 대한 위로와 휴식의 공간으로 교태전 뒤편에 아미산이라 하여 작은 동산인 화계(花階, 꽃 계단)를 조성하여 곱게 꾸몄다. 꽃 계단의 위상에 맞게 조형예술을 발휘해 아름답게 설치한 아미산 굴뚝은 보물 제811호로 지정되어 있다.

아직도 아미산에 대해 많은 문헌과 자료가 경회루에 못을 조성하면서 파낸 흙으로 교태전 후원을 조성하여 아미산을 만들었다고 소개하는데 이는 잘못된 내용이다. 정우진과 심우경(2012)은 경복궁 아미산의 조영과 조산설(造山說)에 관한 고찰에서 "아미산은 인공적으로 조산된 언덕임에도 불구하고 백두대간의 지맥이 아미산에 맺혀 있다고 주장하는데, 이는 그 자체로 논리적 모순점을 안게 된다"는 문제를 제기하고, "경회지를 퍼낸 흙으로 아미산을 조성했다는 기록은 어디에서도 발견되지 않아 이 주장을 그대로 인정하기에는 여러 가지 의문점이 남는다"고

아미산

지적하였다.

  두 사람은 이어서 경복궁전도, 경복궁 배치도 및 북궐도형, 그리고 조
선왕조실록 등의 문헌 조사와 현장조사를 통해서 "아미산이 인공적인
산이 아니라 본래부터 존재하던 산이며 아미산에서 근정전까지 척맥
(脊脈)이 있다는 기록과 아미산은 풍수지리에서 사격(砂格)의 한 종류
인 '아미사'(蛾眉砂)라는 용어로 지시되고 있었다. 또 고종 연간에 축조
된 아미산의 본래 명칭이 아미사였고 후대에 아미산으로 개칭된 것을
알려주고 있다. 따라서 아미산은 북악산에서 내려온 용맥이 아미사의
형상으로 맺힌 천연의 지형이었다"고 명확히 지적하였다.

이런 연구 결과가 있음에도 이후에도 많은 책과 자료 등에 여전히 아미산을 인공적으로 조성된 산이라 설명하고 있는데, 이러한 오류는 속히 시정해야 할 것이다. 혈에 생기를 모아주는 아미사의 역할로 판단하여도 아미산은 인공적으로 조성한 둔덕이 아닌 전형적인 명당지처의 모습을 갖춘 자연적인 지형이다.

_ 2장

궁궐 수호와
임금의 권위

해치는 왜 광화문 앞에 자리 잡았을까?

광화문과 해치

위 사진은 경복궁 외조 공간의 시작인 광화문의 모습이다. 광화문은
왕이 출입을 하였던 문이며 광화문 앞을 지키는 석수 해치(獬豸, 또는

해태)는 원래 현 위치에서 세종로 쪽으로 80여 미터 정도 앞으로 나간 장소에 설치했었다. 해치는 관악산의 형상이 상징하는 화기를 막기 위한 것이었다.

일제 강점기 때 남산에 단군을 모시는 국사당이 있었는데, 일제가 이를 없앴다. 일제는 그 자리에 일본의 국가 조상신을 모신 조선신궁을 세우고, 광화문의 방향을 그쪽으로 향하게 바꾸었다. 그 과정에서 해치의 위치가 옮겨졌다가 지금의 자리로 이동, 복원시켜 놓은 것이다. 현재 국사당은 인왕산에 옮겨났는데 제자리인 남산으로의 이동이 필요하다.

해치는 하마비(下馬碑) 역할도 겸하고 있었다. 하마비는 당시에 말을 타고 온 모든 관리가 이곳에서부터는 왕의 공간이니 지위 고하를 막론하고 모두 말에서 내려야 한다는 안내 역할을 하는 표시였다. 그러니 광화문에서 80여 미터 떨어진 곳에 해치를 세우는 것이 제대로 된 설치였다.

해치는 〈이물지〉[異物誌, 중국 한나라 양부(楊孚)가 지은 책]에 다음과 같이 기록되어 있다.

"동북지방 거친 곳에 해치라는 짐승이 산다. 머리에 뿔이 하나 달려 있는데 성질이 곧고 바르다. 사람들이 싸우면 잘못한 사람에게 달려들어 떠받으며, 사람들이 시비를 따지면 거짓말하는 사람에게 덤벼들어 깨문다는 전설이 있다."

해치가 시비를 가린다는 상징적 의미에 따라 조선 시대에는 사헌부 (기강과 풍속을 정립하고 억울한 일을 해결하는 관청) 흉배의 상징으로도 사용했다. 법(法)의 한자 모양도 전서체 해치의 치(廌)에서 유래했다. 모두가 납득할 수 있도록 시시비비를 가리는 상징이 제대로 된 법(法)의 의미인 것이다.

우리 주변에서 흔히 볼 수 있는 해태상의 경우 예전에는 우스갯소리로 입을 벌리고 있으면 수다를 떠는 여성의 모습이라 해서 '암컷 해태'라 하였고, 입을 다물고 있으면 '수컷 해태'라 하였는데 이는 잘못된 식견이다. 해태와 유사한 생김새로 사찰을 지키는 한 쌍의 돌사자 중에 입을 벌린 사자는 '아사자', 입을 다물고 있는 사자는 '훔사자'라 하는데, '아'는 범어의 첫 글자이고, '훔'은 끝 글자여서 우주의 시작과 끝, 영원과 통일을 상징하는 것이지, 암수를 구분하기 위한 특징은 아니다.

돌사자나 해태는 입을 벌리고 다문 모습이 아닌 배치된 위치와 상징물로서 암수를 구분한다. 일반적으로 공간의 내부에서 밖으로 볼 때, 왼쪽(동쪽)에 놓이는 석상이 수컷이고, 오른쪽(서쪽)에 놓이는 석상은 암컷으로 구분한다. 방향에 따른 성별 구분 외에도 암수를 쉽게 구분하기 위해서 새끼를 조각해 놓기도 한다. 이때 새끼를 데리고 있는 경우가 암컷이다.

중국 서안의 비림박물관에 배치된 사자 석상 역시 공간의 내부에서 입구 방향으로 봤을 때 왼쪽에 수컷 돌사자를, 오른쪽에는 암사자를 배치하였다. 여기에 더해 수컷 사자는 둥근 공 모양의 형상을 앞발로 누르고 있어 이러한 특징으로 암수 구분을 한다.

중국 서안의 비림 입구의 사자상

암사자(왼쪽)와 오른발로 둥근 공 모양의 형상을 누르고 있는 수사자(오른쪽)

악귀를 막는 궁궐의 물길
금천과 서수(천록)

　경복궁의 3문 3조 공간 중 고문인 광화문에서 근정문에 이르는 공간은 신하들의 활동 공간이었으며, 그 사이에 있는 흥례문은 근래에 복원되었다.

　흥례문을 들어서면 궁궐 안을 흐르는 명당수인 금천(禁川)을 건널 수 있도록 금천교(禁川橋)의 역할을 하는 영제교(永濟橋)가 있다. 금천은 앞에서 설명했듯이 풍수적인 이유로 인위적으로 물길의 방향을 돌려 서쪽에서 동쪽으로 흐르도록 물길을 틀어 설치한 것이다.

　기의 흐름은 물을 만나면 멈추고 건널 수 없기에 풍수이론에 따라 지맥이 다른 곳으로 흘러가지 않도록, 기운을 모으기 위해 금천을 설치했다. 한편으론 악령, 악귀와 같은 좋지 못한 기운은 물을 건너지 못한다고 상상하여, 물길을 만들어 그러한 사악한 기운이 건너오지 못하게 하려는 뜻도 있다. 마치 군사적 방어 목적으로 성곽 주변에 호를 파고 물을 담아 건너올 수 없도록 설치한 해자(垓字)처럼, 경복궁의 금천은 악귀를 막는다는 상징적인 의미를 담은 것이다.

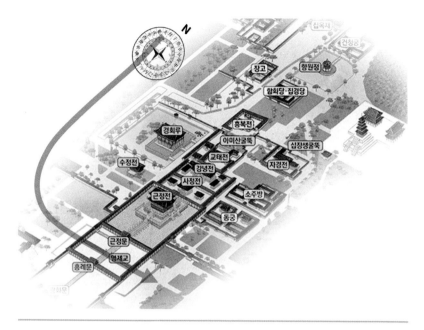

명당수인 금천과 영제교

[출처: 문화재청 궁능유적본부 경복궁관리소]

통상적으로 궁궐 정문 안에 흐르는 명당수를 금천(禁川)이라 하고 금천을 건널 수 있도록 설치된 다리를 통칭하여 금천교라 하는데 경복궁에 설치된 금천교는 영제교라는 고유 명칭이 있다.

경복궁 금천교 이름이 영제교이듯 각 궁궐의 금천교(禁川橋)는 각각 이름이 따로 있다. 창덕궁의 금천교는 발음은 같지만, 한자와 의미를 달리 한 금천교(錦川橋), 창경궁의 금천교는 옥천교(玉川橋)이다. 금천의 옆에는 물의 흐름을 타고 이동하는 악귀가 신성한 공간으로 진입하는 것을 지키기 위해 설치한 상징적인 동물의 형상인 천록수(天祿獸)를 조각해 놓았다.

금천을 지키는 서수(천록)

전남 선암사 홍예교의 서수(공복)의 모습

천록수는 고대 중국에 전해지는 상상의 동물로 사슴 또는 소와 비슷하며 꼬리가 길고 외뿔을 가졌는데, 사악을 물리친다고 하여 도장이나 묘비에 새기기도 한다. 〈예문유취〉(藝文類聚) 등 옛 문헌에서 천록은 아주 선한 짐승으로 왕의 밝은 은혜가 아래로 두루 미치면 나타난다고 기록된 상상 속의 서수(瑞獸)이다. 특히 뿔이 두 개인 것은 '벽사'(辟邪)라 하여 따로 구분하기도 한다.

민가에서도 궁궐의 금천교에 설치된 서수와 같은 역할을 하는 것이 있다. 사찰이나 마을의 개울에 설치한 다리 밑이 반원형이 되게 쌓은 아치 형태의 돌다리인 무지개다리를 한자로는 홍예교(虹霓橋)라 한다. 바로 무지개다리 아래의 가장 높은 중앙부에 이무기 혹은 이수(螭首)라고 하는 돌로 조각하여 설치한 상상의 동물이 있다. 이 이무기는 궁궐의 명당수를 지키는 천록과 같이 흐르는 물, 계곡 물을 타고 들어오는 악귀를 막아주는 역할을 하도록 설치되었다.

무지개다리 아래에 설치한 이수를 공복(또는 공하)이라고 하는데, 공복은 용이 되지 못한 아홉 마리의 이무기 중 하나이다. 이무기는 물속에서 500년을 지내고 여의주를 얻어야 용이 될 수 있는데, 용이 되지 못한 아홉 마리의 이무기들을 각각의 특징이 있는 상상의 동물로 형상화하였다.

비희(贔屭), 이문(螭吻), 포뢰(蒲牢), 폐안(狴犴), 도철(饕餮), 공복(蚣蝮) 또는 공하(蚣蝦), 애자(睚眦), 금예(金猊) 또는 산예(狻猊), 초도(椒

圖)가 용이 되지 못한 아홉 마리의 이무기로, 용생구자불성용(龍生九子不成龍)이라 한다.

중국 명나라 호승지(胡承之)의 진주선(眞珠船)과 조선 후기 실학자 이익의 성호사설(星湖僿說)에 용의 아홉 아들에 대한 설명이 있는데 참조하여 소개하면 다음과 같다.

'비희'는 거북의 몸에 용의 머리를 닮았으며 무거운 짐을 지는 것을 좋아해 비석을 받치고 있는 모습으로 볼 수 있고, '이문'은 무언가를 바라보길 좋아하고 불을 끄는 능력이 있어 용마루 양쪽 끝에서 화재를 막아내는 모습으로 형상화되어 있다. '포뢰'는 울기를 좋아하는데 고래를 특히 무서워하여 보기만 해도 울부짖는데 소리가 크고 웅장해서 사찰 범종의 고리 모양으로 올려놓았고, '폐안'은 들개처럼 사나워 감옥 문을 지킨다. '도철'은 음식에 대한 탐욕이 많아 이를 경계하는 의미로 솥이나 그릇에 새겨 넣는다. '공복'(또는 공하)은 무지개다리(홍예교)에서 악귀를 막아주는 역할을 하며, '애자'는 살생을 좋아해 칼이나 창날에 새긴다. '산예'(또는 금예)는 사자와 같은 모습에 불과 연기를 좋아해 향로의 다리에 새기며, '초도'는 문을 닫고 숨는 것을 좋아해 문고리 장식으로 형상화되어 있다.

홍예교의 과학

 금천교 등에 설치된 아치(Arch)형의 홍예교, 무지개다리는 물리적으로 상당히 창의적이며 이해하기 쉽지 않은 구조이다. 천장부에 해당하는 돌은 지지대도 없이 공중에 떠 있는 형태를 하기 때문이다.

 홍예교는 구조적으로 돌의 모양이 쐐기 형태여서 아래에서 위로 갈수록 변이 길어지고 면적이 넓어진다. 그러면서 중력에 의한

전남 선암사 홍예교

압축력과 좌우 돌의 지지력에 의해 발생한 수평 반력이 균형을 이뤄 서로를 떠받치고 지지하는 형태이다.

홍예교는 이렇게 획기적이고 유용한 구조인데 서양의 경우 아치형 구조를 개발하면서 천장재의 크기에 제한받지 않고 수백, 수천 명이 모일 수 있는 대형의 트인 공간을 설계할 수 있었다.

아치형 구조를 활용하여 충분한 공간을 확보한 영국의 성당

근정전과 앞마당에 숨은 비밀과 과학적 원리

경복궁 영제교를 지나 응문인 근정문을 들어서면 그곳에서부터 향오
문까지의 공간을 '치조'라 한다. 왕이 신하를 맞아 조회하고 정치적인

왕과 신하가 만나서 정치하는 치조 공간인 근정전

활동을 하였던 공간인데 관직의 위계를 새겨 넣은 품계석을 설치하였다. 물론 이곳의 중심 공간이자 가장 중요한 건물은 근정전이다.

근정전 앞 박석의 틈과 거친 표면

근정전은 밖에서 봤을 때 2층 구조의 웅장한 목조건물이다. 그렇지만 실내에서 보면 1, 2층 천장이 트여 있는 단층 건물인데 이러한 형태의 건물을 통층 구조라 한다. 층을 분리하지 않고 천장을 높이 올려 답답함이나 압박감이 없도록 웅장한 규모로 설계한 구조이다. 그러다 보니 실내에, 특히 깊은 천장까지 빛이 들어가기 어려운 단점이 있다. 그렇지만 아주 과학적인 방법을 사용하여 속이 깊은 천장까지 햇빛이 들어올 수 있도록 하였는데 그 해결 방법은 바로 위의 사진에서 볼 수 있는 박석이라고 하는 표면을 거칠게 다듬은 돌들의 기능 때문이다.

조선 시대에 돌을 다루는 기술은 가히 세계적인 수준에 견줄 수 있을 정도로 섬세하고 대단하였다. 그런데도 임금과 신하가 조회하는 공간인 근정전 앞마당의 돌들은 일부러 거칠게 대충대충 깔아놓은 것처럼 놔두었다. 여기에 앞에서 말한 깊은 천장까지 빛이 들도록 한 원리가 숨어 있다. 돌들의 거친 표면이 빛을 난반사시켜 근정전 내부 깊숙한 천장까지 햇빛을 고루 끌어들이는 원리인 것이다. 이는 자연채광을 조명으로 활용하여 쾌적한 환경을 만들고 음습한 환경과 위생 문제를 해결한 과학적 방법이다.

또한, 박석의 거친 표면은 마찰력이 높아져 이곳을 지나다니는 신하들이 미끄러지지 않도록 하는 역할을 하였고 햇빛에 반사되는 빛이 분산되어 눈부심 등의 불편까지 해소하는 다양한 효과도 있다.

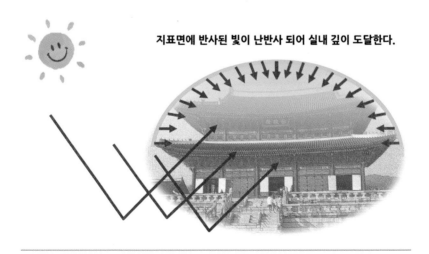

지표면에 반사된 빛이 난반사 되어 실내 깊이 도달한다.

박석에 의한 빛의 난반사 효과

경복궁 근정전 설계에서 또 다른 우수한 점은 이 넓고 평평한 공간이 지금까지 아무리 많은 비가 왔어도 물에 잠겼다는 기록이 없을 만큼 훌륭한 배수처리를 했다는 사실이다. 그냥 서 있어 보면 원활한 배수 처리를 위한 이 공간의 배수 기울기 경사를 눈치채지 못한다. 배수 장치를 자연스럽고 너무 완벽하게 감춰놓았기 때문이다. 하지만 근정전을 둘러싼 담장의 기와지붕 단차를 기준으로 보고 판단하면 배수를 위한 기울기를 쉽게 확인할 수 있다.

근정전은 이렇게 충분한 배수 기울기를 갖춰 놓고도 눈에 보이지 않

담장의 단차로 확인하는 배수 경사

도록 설계했다. 이렇게 함으로써 기울어진 공간에서 느껴지는 공간 이용자의 불안정한 심리를 없애준다. 또 박석과 박석 사이 벌어진 틈을 빗물의 침투공간으로 활용하여 강수를 분산시키고, 지하수를 확보하며 배출시키는 완벽한 토목기술을 적용했다.

또한, 나라를 다스리는 군주로서 건물을 사용하는 사람의 신분에 따른 위계 부여하기 위해 만든 월대 역시 지면에서 올라오는 습기를 막아주는 설계를 도입했다. 이는 공기의 순환을 도와 쾌적한 환경을 유지할 뿐 아니라 예상치 못한 갑작스러운 큰비에도 침수되지 않고 충분히 견딜 수 있는 유용한 구조이다.

근정전 박석과 배수시설

최근 들어 자연자원의 순환과 재생에너지의 적극적인 활용을 위해 적용하기 시작한 LID(저영향 개발, Low Impact Development)기술이 주목받고 있다. LID는 개발 지역 내 침투, 증발산, 저류 등의 과정을 재현할 수 있는 소규모 시설들을 분산 적용하여 강우 유출수를 관리하는 방법인데, 근정전은 이미 오래전에 저영향 개발의 실질적인 방법을 도입하였음을 보여준다.

경복궁의 근정전과 같이 왕이 사용하는 공간에는 강화도에서 채취한 박석이라는 고급재질의 돌을 사용하여 의도적으로 표면을 거칠게 다듬

근정전 박석과 품계석

고, 거친 표면에 반사되어 산란한 빛을 실내 깊은 곳까지 끌어들였다.

하지만 일반 가옥의 경우에는 이러한 재질의 돌을 사용할 수 없어 대개 마당에 나무를 심는 것을 피하고 화강암이 풍화되어 생성된 화강토와 같이 물 빠짐이 좋은 양질의 흙을 깔아서 비워놓았다. 그렇게 확보된 마당이라는 공간은 추수해온 곡식을 갈무리하는 다용도의 공간으로 활용했고, 이는 궁궐에 설치된 박석과 같이 빛의 산란 효과를 유도해 한옥의 실내 깊은 곳까지 빛을 끌어들일 수 있었다. 또한, 한여름 뜨거운 햇볕에 달궈진 마당의 공기는 대청마루의 바라지창을 통해 뒷동산의 차가운 공기를 끌어들여 바람길을 형성하면서 무더위를 식히는 순환과 다목적 수용을 위한 여백으로서의 지혜로운 설계였다.

한옥이 에너지의 투입을 적게 하면서도 현대 가옥에 못지않게 쾌적한 거주환경을 유지할 수 있는 이유는 바로 이렇게 자연환경을 지혜롭게 활용한 과학적인 설계 때문이다.

또 하나의 자연이 된 건축물, 근정전

근정전 공간 구성은 앞에서 살펴본 대로 현대의 친환경적 설계에도 적용이 가능한 과학적 근거를 바탕으로 지혜롭게 설계되었다.

여기에 더하여 중심 건축물인 근정전을 경관적 측면에서 보면 용마루와 추녀마루, 처마선 등의 윤곽선은 양쪽 끝을 단단하게 묶어 놓은 새끼줄이나 명주실 자체의 무게로 살짝 처진 듯이 안정되고 유려한 곡선을 구현하고 있다. 이는 근정전의 배경인 북악산 능선의 곡선과 너무도 어울리는 모습이다.

자연의 공간적 균형을 깨뜨리고 설치된 인위적 시설이라는 건축물이 가지고 있는 시각적인 거부감을 근정전은 주변 경관과 자연스레 조화를 이루며 없애주고 있다. 원래 그 자리에 있었던 주인인 양 편안하게 어울리는 아름다움, 이것이 전통 건축물이 추구하는 보편적이고 이상적인 모습이다.

전통건축에 사용한 부재의 경우 인근에서 구할 수 있는 자연 원천의 재료가 대부분이다. 그러다 보니 근원적 어울림이라는 물성에 더해 주위 경관을 흐트러뜨리지 않는 색감을 사용하여 주변과의 어우러짐이 더욱 자연스럽다.

자연과의 조화가 우리의 전통건축에서 빠질 수 없는 요소였다 해도 근정전이 자연과 이룬 조화는 볼수록 탄성을 자아낸다. 근정전은 용마루와 추녀마루, 그리고 처마선 등 외관을 형성하는 윤곽선까지도 주변의 산세, 자연 능선의 모양과 어울리도록 하였다. 아래 사진을 보면 사람의 손으로 만들어진 인위적 건축물이지만 뒤로 펼쳐지는 자연의 풍경에 녹아들며 자연과 하나를 이루고 있다.

북악산 능선의 선형과 어울리는 경관

일월오봉도와 황룡으로 상징한 왕의 권위

　근정전 내부에는 왕이 앉을 수 있는 옥좌가 있고, 옥좌의 뒷면에는 일월오악도 또는 일월오봉도라고 하는 왕의 권위와 존엄을 상징하는 병풍이 설치되어있다. 다른 이름으로는 오봉병(五峯屛), 오봉산병(五峰山屛), 일월오봉병(日月五峰屛), 일월오악도(日月五嶽圖), 일월곤륜도(日月崑崙圖)라고도 불린다.

　그림에서 해와 달은 왕과 왕비, 그리고 양과 음을 상징하고 다섯 개의 산은 오행 또는 서왕모[중국 신화에 나오는 신녀(神女)]가 산다는 곤륜산을 상징한다.

　왕이 앉아 바라보는 시각으로 볼 때 왼쪽에는 해(빨간색), 오른쪽에는 달(흰색), 중앙에 5개의 산과 좌우에 폭포와 소나무, 그리고 파도가 부서지는 바다가 있다. 그림은 가운데를 중심으로 좌우대칭 구도를 이루고 있다. 일월오봉도는 하늘의 뜻을 받들어 음양의 조화를 관장하는 우주의 주재자, 세상을 통치하는 천자의 존재적 의미와 영원불변하는

근정전 내부, 왕의 옥좌 뒤로 보이는 일월오봉도

왕의 상징인 일월오봉도

상징적인 자연적 소재를 통해 안녕을 기원하는 의미가 담긴 왕권의 상
징이다. 왕이 머무는 곳에는 언제나 함께하였다.

근정전에 설치한 박석이 얼마나 효과적으로 통층의 깊은 천장에까지
외부의 빛을 끌어들이는지는 근정전 천장을 보면 쉽게 확인할 수 있다.
천장 깊은 곳에는 황룡의 그림이 조각돼 있다. 일반적으로는 천장이 깊
은 만큼 빛이 안쪽까지 들어가
지 않으므로 잘 보이지 않고
어두워야 하는 게 정상이다.

그렇지만 특별히 천장을 비
추는 조명을 설치하지 않아도
거친 박석의 표면에서 산란하
여 천장 깊은 곳까지 들어온
자연광 덕분에 천장 중앙에
있는 황룡의 조각이 아주 선
명하게 보인다.

근정전 천장에 설치된 왕권
을 상징하는 황룡에는 특별함
이 있다. 우리는 전통적으로
방향에 따라 상징색을 정해
동쪽은 파란색, 서쪽은 흰색,

근정전 천장

남쪽은 붉은색, 북쪽은 검은색, 중앙은 황(금)색을 사용하였다. 이것을 기본색인 오방색이라고 하며 이러한 색감과 동서남북의 방향을 계절과 연관시키기도 한다.

근정전 천장의 황룡

동쪽을 시작으로 시계방향인 동남서북은 순서대로 사계절 중 각각 봄, 여름, 가을, 겨울의 상징이다. 방향에 따른 색감은 앞에서 풍수의 형국과 관련하여 설명한 청룡(동), 백호(서), 주작(남), 현무(북) 등 사신수의 상징적 동물에도 반영되어 있다. 물론 사신수의 방위는 반드시 동서남북으로 고정된 것은 아니다. 음택의 경우 매장자, 양택의 경우 주된 이용자 또는 가장 위계가 높은 사람의 입지, 즉 주인 된 입장에서 보는 시각을 기준으로 전후좌우를 따져 정할 수도 있기 때문이다.

경복궁 근정전 천장의 용 문양을 다시 자세히 살펴보자.

황금색 용은 근정전 중심에 걸렸는데, 이는 세상의 중심이라는 황제의 자부심을 표현한 것이다. 두 마리 황룡은 구름을 상징하는 화려한 색상의 문양 속에 춤을 추듯 부드럽다. 그러면서도 몸체는 근육이 느껴질 정도로 아주 힘 있게 서로의 꼬리 방향을 바라보는 모습으로 비늘과 표정까지 상세하게 조각되어 있다.

황룡을 더 자세히 살펴보면 용의 발가락을 확인할 수 있는데 둥글게 방사형으로 펼친 발가락 끝에는 날카롭게 세운 7개의 발톱마저 보일 만큼 세밀하다.

알람브라 궁전과 실내조명

이슬람 건축을 집대성하여 지은 스페인 그라나다 알람브라 (Alhambra) 궁전은 세계문화유산에 등재되어 있을 만큼 최고의 건축물로 꼽힌다.

알람브라는 외부의 빛을 실내로 끌어들이기 위해 아름다운 문양의 천창을 설치하였고, 문틀의 상인방에 해당하는 부분을 높이 끌어올려 개방하였다. 여기에 화려한 색감의 스테인드글라스까지 설치하였지만, 외부에서 유입되는 대부분의 빛은 차단되어 근정전 천장보다 어둡다.

스페인 알람브라 궁전의 야경

이런 이유로 세상에서 가장 아름답고 정교하기로 평가받는 아라베스크 문양은 별도의 조명장치 없이는 육안으로 보기가 힘들어 관광객의 동선을 따라 조명을 설치하였다.

　　이런 알람브라 궁전을 볼 때 경복궁 근정전에서 우리 전통 건축기술이 구현한 자연광을 실내로 끌어들이는 과학적 원리는 특별한 자부심이 들도록 한다.

알람브라 궁전의 실내 천창의 조형미

왕의 상징 용,
그 발가락 개수가 다른 이유

독특한 취향이라고 생각할 수도 있는 개인적인 습관이 있다.

용 문양을 보면 반드시 발가락(또는 발톱)을 유심히 살펴 발가락 숫자를 헤아리는 것이다. 전통 문양 중 특별히 용의 발가락의 수를 세는 것은 중요한 의미가 있기 때문이다.

동·서양을 비롯한 나라별로 숫자는 중요한 상징적 의미를 내포하는데 특히 한·중·일 동양 3국에서는 더욱 특별하다. 앞에서 설명한 대로 근정전 천장화에는 용의 발가락을 7개로 표현하였는데 용의 발가락에는 권위, 즉 세상을 통치하는 천자로서의 위계와 관련된 상징성이 있다.

중국 북경 자금성 외벽과 창방·평방에 그려진 용의 문양을 보면 여기에 표현된 용의 발가락(발톱)은 5개이고, 티베트 포탈라 궁에서 설치된 비단 위에 그려진 문양의 용 발가락은 4개로 표현되어있다.

종묘 공민왕 신당 지붕의 암막새 기와에 새겨진 용의 발가락도 티베트 포탈라궁의 용과 같은 4개이다.

밖에서 안을 못 보도록 가린 중국 자금성 황극문 조벽의 아홉 용 문양

자금성 창방에 그려진 오조룡과 부시(날짐승의 접근을 막기 위한 그물망)

황제를 상징하는 오조룡 문양이 그려진 그릇

앞의 사진을 통해 살펴본 대로 용의 발가락은 경복궁 근정전의 천장
화에는 7개, 중국의 자금성에서는 5개, 티베트 포탈라 궁과 종묘 공민
왕 신당에는 4개 등, 각기 다르게 표현되어 있다. 동양에서 용은 아주
신성한 존재이고 한 국가의 최고 권력자인 왕을 상징하는 동물이다. 용
은 위엄과 신통한 조화능력을 지니고 하늘에 오르는 존재로, 우두머리
의 상징이다. 왕조 시대에 왕은 백성의 우두머리로서 신성한 존재이며
왕권은 하늘과 연결되어 있다고 생각했기 때문에 용이 왕의 상징으로
여겨지는 건 당연했다.

임금이 곧 용이다 보니 임금의 얼굴은 용안(龍顔)이었고, 왕이 공식
행사 때 입는 옷을 곤룡포라 하였다.

티베트 포탈라 궁에 그려진 용의 문양(17세기 제작)

　이렇게 용이 왕의 상징이다 보니 용의 문양을 사용할 때 중국을 중심으로 한나라 고조 때는 제왕과 제1, 2 왕자만이 다섯 발가락의 용을 쓸 수 있었고, 제3, 4 왕자는 발가락 네 개의 용을 쓰도록 규정하였다. 이 규정은 후에 와서 중국 황제는 발가락 5개의 용을, 우리나라는 4개, 일본은 3개의 용을 쓰도록 바뀌었다. 용의 발가락 수로 격의 높고 낮음을 나타내도록 하였는데, 그 당시 동아시아의 주도권을 잡고 있던 중국의 황제는 발가락 5개를 부여했다. 조선과 일본에는 중국 황제보다 권력이 낮다는 의미로 각각 4개와 3개의 발가락을 쓰도록 정했던 것이다.

당시 조선은 중국의 영향을 많이 받은 탓에 중국이 정해준 규정을 따라야 했다. 그런데도 경복궁 근정전 천장에 조각된 황룡의 발가락 수는 중국의 5개인 용보다 오히려 2개가 많은 7개였다. 이는 조선 임금의 입지가 중국 황제의 권위를 넘어서는 위치에 있다는 자긍심의 표현이었던 것으로 보인다.

전란과 역사의 질곡 속에서 소실, 훼손, 쇠락을 거듭했던 근정전은 고종 때 중건했다. 이때 중국 황제를 뛰어넘는 당당한 위엄을 발가락이 7개인 칠조룡(七爪龍)으로 표현하였다. 대한제국을 선포하고, 연호를 중국에 따르지 않고 독자적으로 썼으며, 붉은색 곤룡포가 아닌 황룡포를 입은 것도 같은 맥락이다.

종묘 공민왕 신당에 있는 암막새에 새겨진 용

경복궁 근정전 천장에 새겨진 칠조룡을 보면서 쇠락한 나라의 운명을 다시 세우고자 고심했던 고종황제의 애환과 자강(自强)의 의지를 읽을 수 있다.

대한제국을 선포한 고종은 하늘에 제사를 지내는 환구단(중국에서는 천단)에 황궁우(皇穹宇)를 건설하면서 황제의 상징으로 여기에도 칠조룡을 조각했다. 옛 경희궁의 정전이었던 숭정전의 천장에도 흑룡 칠조룡을 새겼는데 숭정전은 서울 동국대학교 캠퍼스 안에 옮겨져 보존돼 있으며, 부처님을 모신 정각원 법당으로 활용되고 있다.

다음 페이지 그림은 1867년에 제작된 화재를 막는 부적 용문 지류(龍紋紙類)이다. 2001년 경복궁 근정전 중수공사 때 근정전 상층 종도리 하단의 장여 중앙부에서 근정전 상량문 및 흥선대원군 관련 기록, 중수공사 관계자 명단 등이 발견되었다.

이 그림은 붉은색 장지(壯紙)에 화재가 나지 않기를 기원하며 그린 발가락이 5개인 5조룡이다.

경복궁 근정전 중수공사 때 발견된 5조룡 부적

[출처: 국립고궁박물관]

용 대신 봉황, 창덕궁 인정전

창덕궁 인정전 천장에는 왕을 상징하는 용 대신 봉황이 그려져 있다. 봉황은 수컷을 봉(鳳), 암컷을 황(凰)이라고 하는데 고대 중국에서 신성시했던 상상의 새로 기린·거북·용과 함께 사령(四靈)의 하나로 여겼다.

봉황은 동방 군자의 나라에서 나와서 전설 속의 공간인 사해(四海)의 밖을 날아 곤륜산(崑崙山)을 지나 지주(砥柱)의 물을 마시고 약수(弱水)에 깃을 씻고 저녁에는 풍혈(風穴)에서 잠을 잔다.

봉황이 세상에 나타나면 천하가 크게 안녕하다고 믿었는데, 성천자(聖天子)의 상징으로 인식되었다. 이에 따라 천자가 거주하는 궁궐 문에 봉황의 무늬를 장식하고 그 궁궐을 봉궐(鳳闕)이라 했으며, 천자가 타는 수레를 봉연(鳳輦)·봉여(鳳輿)·봉거(鳳車)라고 불렀다.

중국 후한(後漢) 때 경학자 허신(許愼)이 1만여 자에 달하는 한자(漢字)의 본래 모양과 뜻, 발음을 해설한 책 〈설문해자〉(說文解字)와 〈악집도〉(樂汁圖), 〈주서〉(周書) 등에 봉황에 대한 다양한 묘사가 있는데,

태평성대를 상징하는 상서로운 새였다.

　봉황은 오동나무에서만 쉬고 대나무 열매가 아니면 먹지 않으며 감천(甘泉)이 아니면 마시지 않는다고 한다. 봉황의 가슴은 인(仁), 날개는

인정전 천장의 봉황과 기둥에 조각된 화려한 낙양각

창의문 문루 천장에 그려진 봉황

의(義), 등은 예(禮), 배는 신(信), 머리는 덕(德)을 상징했다고 하는데 유교의 오상과 상응하는 상징적 의미가 있다.

봉황이 상징하는 다섯 가지, 인·의·예·신·덕으로 볼 때, 왕은 백성 위에 군림하는 우두머리가 아니라 백성들을 평화롭고 편안하게 살도록 나라를 잘 다스리는 역할의 의미로 이해할 수 있겠다.

봉황이 지닌 상징성에 대한 바람은 궁궐에서만 표현된 건 아니었다.

조선 중종 때 소쇄옹 양산보(梁山甫, 1503~1557)는 전라남도 담양군에 3대에 걸쳐 별서원림(또는 별서정원)인 소쇄원(瀟灑園)을 조성하였다. 초입에는 봉황을 기다리는 대봉대(待鳳臺)를 만들고 봉황이 깃들

태평성대를 기원하는 소쇄원 대봉대(待鳳臺) 현판

수 있도록 오동나무를 심어 놓고 인근에는 봉황의 먹이를 공급하는 대나무밭을 상징적으로 조성하였다.

양산보는 기묘사화(己卯士禍)로 스승 조광조가 사사(賜死)되자 명예와 벼슬을 모두 내려놓고 은일(隱逸)의 삶을 살면서도, 소쇄원에 대봉대를 세워 나라의 안녕과 태평성대를 기원한 것이다.

어도를 알리는 답도와 화재예방 장치 드므

왕궁의 중심을 가로지르는 통로는 3개의 길로 나뉘는데 서쪽은 무신, 동쪽은 문신의 통행로였으며, 가운데는 왕이 다니는 길, 어도(御道)이다. 그런데 정전의 월대를 오르는 계단에 설치된 가운데 통로에는 봉황문양이 새겨진 답도(踏道)라고 하는 큰 돌이 경사지게 설치되어 있다. 경사진 길을 왕이 다니기에는 조금 위험하고 불편해 보이지만, 사실 왕은 걸어 다니지 않고 연(輦)이라고 하는 가마를 타고 다녀서 이렇게 답도가 설치되어 있어도 문제가 되지 않았다.

봉황문양은 용과 마찬가지로 왕을 상징하는 문양이다. 답도에는 봉황문양을 새겨 왕의 권위를 상징하면서 왕이 다니는 이 길을 함부로 밟고 지날 수 없도록 아주 자연스럽게 알려주고 있다. 강압적이지 않고 자연스레 원하는 방향으로 선택을 유도하는 방법인 너지(Nudge) 개념을 적용한 것이다.

경복궁 근정전의 답도

봉황문양이 새겨진 답도

어떤 일이든 하지 말라면 더 궁금해하고 몰래 해보고 싶은 것이 인지상정이다. 이러한 가능성을 자연스럽게 억제하는 지혜로운 디자인이 답

도이다. 왕의 권위는 더없이 높이고 금지된 것을 꿈꾸고 싶은 일반의 욕
구는 자연스레 통제하는 참 훌륭한 디자인이다.

우리의 전통 건축물은 나무를 주재료로 지은 목조건물인데 건축 재
료로서 목재는 천 년을 견딜 수 있는 뛰어난 내구성을 지닌다. 또 비중

창덕궁 인정전에 설치된 드므

중국 자금성에 설치된 드므

에 비해 높은 강도와 탄력성, 처리와 가공이 쉽고 열전도율이 낮으며, 나뭇결 등의 문양이 미려하다. 나무는 이처럼 큰 장점이 있는 최고의 건축 재료이지만 결정적으로 화재에는 상당히 취약한 단점이 있다.

그래서 화재에 대한 대비책으로 물을 담아 놓고 불이 났을 경우 방화수의 역할을 하도록 청동으로 만든 드므(넓적하게 생긴 독)라는 시설을 설치하고 겨울에도 얼지 않도록 관리를 하였다. 드므는 화재 초기 진화용 방화수라는 실질적인 목적에 더해 불을 내기 위해 들어 온 화마(火魔)가 드므의 물 위에 비친 자신의 흉측한 모습에 화들짝 놀라서 스스로 도망가도록 하려는 상징적 의미마저 담고 있는 재미있는 시설이다.

　화마와 드므의 상징성을 지금은 미신이라 치부할 수 있겠지만, 당시로써는 그만큼 화재에 경계심이 크고 이를 예방하려는 노력의 하나로 충분히 가능한 일이었다. 현대에도 화재예방은 자신의 생명과 재산을 지키는 너무도 중요한 일이다. 그래서 때마다 불조심과 관련된 포스터를 그리거나 화재예방을 위한 표어를 지어 곳곳에 붙여놓아 늘 경계하는 마음을 갖도록 한다. 드므는 상징적 측면뿐만 아니라 실질적으로도 초기 화재를 진압하는데 상당히 효과적인 방책이었다.

아미산 꽃 계단의 음양 조화

경복궁의 왕비 침전인 교태전 뒤편에는 화강암 재질의 잘 다듬은 장대석으로 아름다운 꽃 계단을 구성한 아미산(峨嵋山, 峨眉山)이 있다고 앞에서도 밝혔다.

교태전 분합문 뒤로 보이는 아미산 화계(꽃 계단)

경복궁 아미산 화계(꽃 계단)

아미는 미인의 눈썹을 의미한다. 앞에서 관련 논문을 근거로 경복궁 아미산이 알려진 것처럼 경회루 못을 파낸 흙을 인위적으로 쌓아 올린 게 아니라, 자연적으로 있었던 둔덕이었다고 상세히 설명하였다. 이러한 둔덕의 형상은 북악산에서 흘러온 잘 순화된 기운을 모아 보내주는, 혈 자리의 혈 맺힘에 상당히 중요한 역할을 하는 형상인데, 경복궁의 터가 풍수지리적으로 잘 갖추어진 명당지처임을 입증할 수 있는 상당히 중요한 형상적 증거이다.

아미산의 화계에는 두 개의 석조(石槽)를 설치하였는데 동쪽에는 낙하담(落霞潭), 서쪽에는 함월지(涵月池)라는 글씨를 새겼다. '노을이 드리우고, 달이 잠긴(머금은) 못'이다. 동쪽 하늘에는 해, 서쪽 하늘에는 달을 대비시키는 것은 음양의 어우러짐을 상징하는 전통적 사상을 표현한 것이다.

　낙하담과 함월지는 작은 못의 역할을 하는 석조(石槽) 형식의 돌 연
못[석지(石池)]인데, 다른 말로는 돌확, 또는 물확이라 하고 못을 설치

경복궁 아미산 함월지

경복궁 아미산 낙하담

하기 어려운 장소에 물을 담아 놓고 감상하기 위한 소박하고 운치 있는 정원용 소품이다.

중국 전한 때 지어진 〈회남자〉(淮南子)에 달과 두꺼비, 그리고 서왕모(西王母)와 관련된 전설이 기록되어 있다.

달은 월궁이라 하고 항아(또는 상아)라는 선녀가 살고 있는 궁전을 상징한다. 항아에 대한 이야기는 요 임금 시대로 거슬러 올라간다. 그 시대에 하늘의 태양이 열 개가 떠서 사람들이 살기가 힘들자 요 임금은 하늘의 임금인 제준(帝俊)에게 도움을 요청했다. 제준은 활의 명수인 예(羿)에게 문제를 해결하라고 명령했다. 하나 10개의 태양이 모두 없어지면 또 다른 문제가 생길 것을 걱정한 요 임금은 화살 하나를 감춰두었고, 최고의 궁수인 예를 시켜 9개의 태양을 떨어드렸다. 문제는 10개의 태양은 제준의 아들들이었다는 사실이다.

이 때문에 예는 아내 항아와 천궁에서 인간 세상으로 쫓겨났고 함께 쫓겨난 항아는 예를 무척 원망하였다. 항아의 투정에 지친 예는 세상의 서쪽 끝, 곤륜산에 사는 서왕모를 찾아가 불사약 두 알을 얻어와 이

서왕모(왼쪽)와 동왕공(오른쪽)

서왕모(위)와 절구질하는 토끼(가운데), 그리고 동왕공(아래)

를 항아와 함께 먹고 다시 하늘로 갈 길일의 때를 기다렸다. 하지만 항아는 불사약을 혼자 먹고 하늘로 올라가다 하늘의 저주를 받아 흉측한 몰골의 두꺼비로 변해 달나라로 도망을 갔다. 항아는 그 벌로 아직도 불사약을 찧고 있다는 얘기이다.

정원에 설치된 두꺼비가 조각된 물확

그런 이유로 두꺼비가 새겨진 돌 연못은 월궁을 상징하며, 현대에도 이러한 전설을 바탕으로 물확(석조)에 두꺼비를 조각한 정원용 장식 디자인을 사용하고 있다.

생명이 없는 장식 소품일지라도 담긴 이야기가 있다는 것은 더 특별한 감정을 유발한다. 이런 스토리텔링은 작은 소품이라는 물질의 체

(體)와 쓰임새인 용(用)에 성(性)을 더하여 정겨움(情)이라는 감흥을 입히는 일이다. 이를 통해 작은 물확 하나에서도 더없이 특별한 정겨움이 느껴진다.

쌍영총 널방 천장석(5C 말, 평안남도 용강군)
[출처: 국립중앙박물관(2006). 고구려 무덤벽화 – 국립중앙박물관 소장 모사도]

5세기 말 설치된 평안남도 용강군 쌍용총 천장화(위 사진)에는 우리의 전통적인 우주관을 나타내는 상징적인 문양이 그려져 있다.

이 천장화는 〈공자가어·문예〉(孔子家語·問禮)에 기록된 "산 사람은 남쪽을 향하고, 죽은 사람은 북쪽에 머리를 둔다"[생자남향(生者南向)

사자북수(死者北首)는 예법을 고려한 것으로 보인다. 매장자가 북쪽으로 머리를 두고 반듯이 누워 천장을 바라보는 시각으로 볼 때, 그림 중앙에는 연꽃, 하단 왼쪽(동쪽, 양) 원 안에는 삼족오(三足烏, 다리가 3개인 까마귀), 그리고 반대편인 오른쪽(서쪽, 음) 원 안에는 두꺼비가 표현되어있다.

천장은 하늘(우주), 연꽃 문양은 빛, 삼족오는 해, 그리고 두꺼비는 달을 상징하는데, 하늘의 빛을 우리 민족의 근원으로 생각해 왔던 민족의 기원과 관련된 전통적인 우주관의 표현이다.

아미산 화계에 설치된 낙화담과 함월지 역시 면면히 이어온 우리 민족의 우주관인 해와 달의 조화로 상징되는 음양의 어우러짐을 표현한 것이다.

자경전의 걸작, 꽃담

자경전 담장의 꽃 그림과 전서체 기원문(樂疆 萬年長春)

위 사진은 흥선대원군이 고종의 증조할머니인 신정왕후를 위해 지은 침전인 자경전의 서쪽 담장이다. 신정왕후는 조대비(趙大妃)로 더 많이 알려져 있고 아버지는 풍은부원군(豊恩府院君) 조만영(趙萬永), 증조부는 이조판서 조엄(趙曮)으로 고구마를 이 땅에 들여온 분이다.

자경전 서쪽 담장 외부

[출처: 문화재청(2010). 경복궁 자경전 및 자경전 십장생 굴뚝 실측조사보고서]

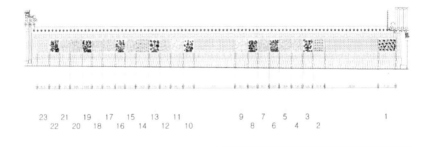

자경전 서쪽 담장의 꽃문양 전개도

[출처: 문화재청(2010). 경복궁 자경전 및 자경전 십장생 굴뚝 실측조사보고서]

자경전 꽃담 서쪽 담장에는 신정왕후인 조대비의 무병장수를 기원하기 위해 화려한 문양과 장수를 기원하는 의미로 '오래도록 즐겁고 강건함을 누리며 항상 봄날과 같이 천수를 누리기를 기원'하는 '낙강만세 만년장춘(樂彊萬歲 萬年張春)의 글과 그림을 새겼다.

그런데 이것을 복원하는 과정에서 꽃 그림 1개와 전서체 글씨 2개(萬歲)가 누락되었고, 길상만덕(吉祥萬德)을 상징하는 '卍' 등의 전통적인 길상 문양과 일부 글자의 획 등을 잘못 복원하였다. 그런데도 이를 모른 채 현재까지 '樂彊 萬年長春'으로 방치하고 있는 모습이다.

안타까운 일인데 다행히 이를 바로잡고자 하는 비영리 민간단체의 노력이 있다고 하니 하루빨리 올바른 제 모습을 찾기를 기대해 본다.

자경전 꽃담에도 새겨져 있는 전통 문양에서 '卍' 문양은 우주생성과 운용의 원리를 상징하는 태극을 상징하는 문양이다. 그렇지만 불교 사찰에서도 같은 문양을 사용하고 있는데, 종교적 길상의 의미가 있는

보수공사 중인 자경전 서쪽 담장

'만'(卍)은 '행운으로 인도하는'이란 뜻의 범어 '스바스티카'(산스크리트어, swastika: स्वस्तिक)에서 유래되었다. 이 卍 문양은 부와 행운을 상징하며 불교와 함께 전래되어 사찰의 상징으로 쓰인다.

이렇게 卍 문양은 전통 문양이나 불교에서 둘 다 길상을 상징하지만 의미와 유래는 차이가 있다.

보물 809호로 지정된 자경전 꽃담은 자경전의 아름다움을 보여주는 걸작으로 평가받는 문화재이다.

세상에서 두 번째로 아름다운 굴뚝

　교태전 후원의 '아미산 굴뚝'과 함께 세상에서 두 번째로 아름다운 굴뚝이라 할 수 있는 자경전 십장생 굴뚝(보물 제810호)은 아궁이와 방구

자경전 꽃담에 설치된 십장생 굴뚝

들을 통해 따듯한 열기를 전달하고 빠져나온 연기를 담장 위에 설치된 연가(煙家)를 통해 배출하도록 만든 특별한 굴뚝이다.

일반적으로 굴뚝은 건물의 뒤편에 붙여서 설치하는데, 자경전 굴뚝은 화재로부터 항시 위협을 받는 건물로부터 멀찍이 떨어뜨려 놓아 목조건물의 안전을 확보하고 있다. 이와 함께 연기를 원활하게 배출하려는 굴뚝의 기본적인 기능을 더하여 화려한 문양으로 치장한 꽃담과 결합하여 아름다움을 배가시켰다.

굴뚝 벽면 중앙에는 십장생인 해·산·물·돌·구름(또는 달)·소나무·불로초·거북·학·사슴을 그려놓았다. 십장생에는 대나무가 포함되기도 하는데, 장수(長壽)의 상징으로 신선(神仙) 사상에서 유래했으며 자연숭배를 대상으로 하는 원시 신앙과도 관계가 있다. 영지(불로초)를 물고 있는 학, 자손의 번성을 상징하는 포도, 복(福)을 의미하는 박쥐와 악귀를 막는 상서로운 서수의 역할을 하는 나티(獸)와 불가사리까지 새겨 놓았는데, 이 공간을 사용하는 주인의 장수와 만복을 기원하는 의미이다.

재미있는 사실은 불과 관련된 구조물인 굴뚝이라는 기능적 의미에 어울리게 불가사리를 새겨 놓았다는 점이다. 불가사리는 전설에 등장하는 상상의 동물로 절대 죽일 수 없다는 의미인 불가살(不可殺), 또는 불(火)로만 죽이는 게 가능하다(火可殺)는 뜻이 담겨있는 불과 관련된 상상의 동물이다. 불가사리에 관한 이야기는 다양하게 전승되어서 이름에 대한 해석도 다양한데 불가사리는 쇠(鐵)를 먹고 몸이 단단하며 털은 바늘처럼 뾰족한데 쇠를 먹을수록 성장한다고 알려졌다.

이러한 이유로 불가사리는 불에 닿아도 죽지 않고, 오히려 불의 기운을 흡수하고 악한 기운을 정화하는 상징적 동물로서 여겨졌다. 이러한 이유로 목조건물을 화재로부터 보호하기 위해서 불가사리 조각을 세웠다.

십장생 굴뚝은 교태전(交泰殿) 화계에 설치된 아미산(峨嵋山) 굴뚝과 같이 아름답고 상징적 무늬를 가진 굴뚝이다. 하지만 아미산 굴뚝은 6각 기둥 형상으로 장대석으로 단을 쌓은 화계 위에 설치된 굴뚝이고, 십장생 굴뚝은 목조 건축물의 형식으로 디자인된 10개의 연가가 설치될 정도로 폭이 넓은 장방형의 모양이다. 특히 아름다운 담장과 결합되어 자세히 살피지 않으면 굴뚝인 줄 모른다는 차이가 있다.

교태전 아미산 화계에 설치된 굴뚝

전남 구례 운조루의 추녀 아래 숨기듯 낮게 설치한 굴뚝

자경전 십장생 굴뚝은 디자인적인 측면에서는 단연 세상에서 가장 아름다운 굴뚝이라 할 수 있다. 그런데도 세상에서 두 번째로 아름다운 굴뚝이라 평가하는 데는 나름의 이유가 있다. 지극히 주관적인 판단이지만 세상에서 가장 아름다운 굴뚝은 남부지방의 전통마을과 고택들에 설치된 앉은뱅이 굴뚝들이라고 생각하기 때문이다.

양반가의 낮은 굴뚝은 연기가 멀리 퍼지는 것을 막으려는 배려가 숨어있다. 초근목피(草根木皮)로 겨우 목숨을 연명하던 시절, 형편이 어려워 끼니를 거르는 이웃들이 굴뚝으로 솟는 밥 짓는 연기를 보면서 박탈과 소외감을 느끼지 않도록 굴뚝을 낮게 한 것이다.

배고픈 이들 누구나 쌀독에서 쌀을 가져가도록 하며 나눔을 실천했던 전남 구례 운조루의 굴뚝은 이를 잘 보여준다. 운조루 굴뚝 중 하나는 작은 사랑채 앞 석축 틈에 숨겨놓았는데 아주 세심히 눈여겨보지 않으면 찾아내기 힘들다. 아래의 사진처럼 낮은 석축 사이로 흘러나온 연기가 마당을 한가득 채운 후에나 밖으로 흘러나갈 테니 여간해서는 밥을 짓기 위해 불을 피우는 사실을 알아채기 쉽지 않다.

겉으로 보이는 화려함과 미적 측면의 아름다움과는 차원이 다른 의미에서 앉은뱅이 굴뚝이야말로 단연코 최고로 아름다운 굴뚝인 것이다.

전남 구례 운조루 작은 사랑채 앞 석축 틈에 숨겨놓은 허튼 굴뚝

궁궐에 새겨진 당초문과 박쥐

　식물의 덩굴이나 줄기의 연속적인 모양을 일정한 형식으로 도안화시킨 장식 무늬를 당풍(唐風) 또는 이국풍(異國風)의 덩굴이라는 의미로 당초문(唐草紋)이라 한다. 무병장수와 강한 생명력을 상징하는데 이러한 당초무늬 또는 덩굴나무가 연속되도록 서리어 나가는 모양으로 조각하는 것을 파련각(波蓮刻)이라 한다.

경복궁 경회루의 낙양각을 통해 본 바깥 풍경

경회루의 낙양각

길상 문양을 조각하는 모습

애련정

　이 파련각 장식을 건물 기둥의 수직면 안쪽 측면이나 목조 건축물의 기둥 머리에서 기둥과 기둥을 가로로 연결해주는 건축 부재인 창방 아래쪽에 화려하게 조각하여 붙인 것을 따로 구분하여 낙양각(落陽刻)이라고도 한다.

낙양각 당초문양

운현궁 담장을 마감한 박쥐 문양 막새기와

  당초문양은 궁궐의 전각이나 정자에 아름답고 화려한 분위기를 연출하기 위해 장식하는 경우가 많으며, 당초문을 새겨 넣은 낙양각이 형성한 아름다운 틀에 멀리 있는 풍경을 넣고 감상하기도 한다. 자연에 거스르지 않고 주위의 풍경을 빌려와 즐기려는 높은 수준의 경관 구성 기법이다. 우리만의 특별한 경관 조성 방법인데 이것을 차경(借景) 이라 한다.

  당초문과 함께 궁궐 여러 곳에 박쥐 문양이 새겨지기도 했다.

박쥐 문양

[출처: 창덕궁관리소(2011). 창덕궁 낙선재 일원 무늬 연구보고서]

창덕궁 존덕정(尊德亭) 낙양각에 새겨진 박쥐 문양

위 사진은 창덕궁의 존덕정(尊德亭) 낙양각에 새겨진 박쥐 문양이다. 박쥐 문양은 경복궁 자경전 굴뚝 등 궁궐 외에 민가의 막새기와 등에서도 흔히 볼 수 있다.

박쥐는 한자로 '편복'(蝙蝠)이라 표기하는데 편복의 '복'이 발음의 유사성으로 인해 '복'(福)을 상징하는 문양으로 사용하였다. 막새기와에 박쥐 문양을 새긴 것은 '福' 자를 써넣는 것과 같은 것으로, 박쥐 두 마리는 '쌍복'(雙福)을, 박쥐 다섯 마리는 '오복'(五福)을 뜻한다.

날짐승을 막는 부시와 오지창

궁궐이나 절의 전각 위 단청을 입힌 부분에 그물망을 설치한 것을 볼 수 있는데 이것을 '부시'(罘罳)라고 부른다. 부시는 참새, 비둘기, 까치와 같은 새들이 앉지 못하도록 전각의 처마 밑 공간을 두르는 일종의 조수 피해 방지용 그물이다. 전통 가옥의 처마는 새들이 둥지를 틀기 좋은

조수의 피해를 막기 위해 설치한 오지창

구조로 되어 있기 때문에 새들의 분비물로 인한 변색과 건물의 부식, 그리고 단청과 편액이 훼손되거나 손상되는 것으로부터 보호하려는 것이다.

또한, 부시는 새들이 둥지를 틀 경우 새의 알이나 어린 새를 잡아먹기 위해 뱀이 기둥을 타고 올라와 생길 수 있는 살생을 방지하기 위한 목적으로도 설치했다.

조선왕조실록에는 궁궐 전각 처마 밑의 그물을 '철망'(鐵網) 또는 '승망'(繩網)이라고 기록하였다. 그물의 재질은 처음에는 가는 실을 여러

조수의 피해를 막기 위해 설치한 부시(경복궁 흥례문)

오대산 월정사 적광전의 부시

겹 꼬아 만든 명주실로 튼튼하게 짰지만, 명주실이 아무리 강해도 좀이
나 곰팡이에 약하고 습기와 햇빛에 노출되면 쉽게 삭는 문제가 있었다.
이에 따라 구리를 실처럼 가늘게 만들어서 굵직한 육각형의 격자 모양
으로 그물을 짜서 사용하기도 했다.

부시는 궁궐 내에서만 쓴 것이 아니라, 궁궐 밖의 왕과 관련된 시설에
도 썼으며 철망을 하는 것은 공역이 힘들고 사치스럽다 하여 신하들의
반대가 많았다는 기록이 있다. 부시를 대신하여 삼지창이나 오지창 형
태의 뾰족한 창살을 설치한 것도 볼 수 있는데 날짐승의 접근을 방지하
기 위한 부시와 같은 목적이다.

추녀마루에서
궁궐을 지키는 잡상(줏개)

궁궐을 지키는 벽사의 상징물 중 추녀마루에 설치된 장식물을 '잡
상'(雜像)이라 한다.

경복궁 교태전 아미산에서 보이는 잡상

숙정문 추녀마루에 설치된 잡상

잡상은 궁궐의 전각이나 문루의 기와지붕 추녀마루 위에 놓는 대당사부(大唐師傅), 손행자(孫行者), 저팔계(猪八戒), 사화상(沙和尙), 마화상(麻和尙), 삼살보살(三煞菩薩), 이구룡(二口龍), 천산갑(穿山甲), 이귀박(二鬼朴), 나토두(羅土頭) 등 10 신상(神像)이다. 소설 〈서유기〉(西遊記)에 나오는 인물과 토지신(土地神)을 형상화하여 올려놓고, 사람·생물·물건 등을 해치는 잡귀·잡신의 흉악한 기운인 살(煞)을 막기 위해 이 상을 설치했다. 액운을 막아주는 벽사의 역할을 하는 상징적 형상인 것이다.

잡상 중 맨 앞에 있는 대당사부는 삼장법사 현장(玄奘)이고, 손행자는 손오공(孫悟空), 사화상은 사오정(沙悟淨)이다. 여기에 저팔계까지 더했는데 이들은 서유기에 나오는 인물들이다.

추녀마루에 올려진 잡상의 수는 건물의 위계 등과 관계없이 적게는 4개(수원 팔달문)에서 많게는 11개(경복궁 경회루)까지 다양하게 설치하였지만, 잡상의 설치 수량과 관련한 위계 등 특별한 규칙에 대해서는 아직 정리된 의견이 없다.

궁궐 추녀마루에 설치된 잡상을 보면 한 나라의 운명을 결정하는 높은 자리가 감당해야 할 엄청난 무게감이 읽힌다. 지붕 위에 올려진 잡상의 수만큼 격무에 짓눌리고, 최고의 자리를 위협하는 수많은 압박감을 흙으로 빚어낸 호위 인형에 의지하여 지켜내고픈 심정은 아니었을까. 이런 심정으로 읽는다면 그 무게감은 그리 쉽게 가늠할 정도가 아닌 게 분명하다.

잡상은 축두(獸頭, 잡상의 옛말)라 부르기도 했고 순우리말로는 줏개이다. 일부에서는 '어처구니'라고도 부르지만 조금 다른 의미가 섞여 있다.

민가 주택에서는 격식에 따라 잡상을 설치할 수 없어 가시가 많은 엄나무나 호랑가시나무 가지를 처마 끝에 매달아 놓는 오래된 풍습을 따랐다. 나뭇잎 가장자리에 달린 뾰족한 가시로 인해 악귀가 접근하지 못하고 도망간다는 상징적 의미이다. 이와 같은 의미로 담장과 초가지붕 위에 솔가지를 올려놓거나, 새끼줄로 만든 금줄에 솔가지를 끼워 달아 놓고 액운을 막아내기도 했다.

_ 3장

디자인일까?
철학일까?

방향의 위계와
방향별 궁궐 문 이용법

한양 도성에 사대문이 있듯이 경복궁 궁궐에도 역시 4개의 문을 설치하였다. 남쪽에는 정문인 광화문을 설치하여 왕이 드나들었고, 동쪽에는 건춘문을 설치해 왕실 종친들과 궁궐에서 일하던 사람들의 출입구로 사용했으며, 서쪽에는 영추문(또는 연추문)을 설치하여 궁궐 안 관청에 근무하던 문무백관들이 사용하였다. 경복궁 제일 안쪽에는 북문인 신무문을 작게 설치하였지만, 음기(陰氣) 때문에 사용을 거의 하지 않고, 기우제와 왕이 경무대 활터를 이용할 때만 간헐적으로 사용하였다. 경무대 활터는 지금의 청와대 공간에 해당한다.

경복궁이 중건된 1867년(고종 4년)에 경복궁 출입에 관한 규정을 마련하여 영추문으로는 승지(丞旨)가, 광화문 동쪽 협문으로는 문관이, 서쪽 협문으로는 무관이 출입하도록 하였다는 기록이 있다. 영추문은 동문인 건춘문과 같은 규모였다.

영추문이 있는 경복궁 서쪽 외성

　성산별곡(星山別曲), 사미인곡(思美人曲), 속미인곡(續美人曲), 훈민
가(訓民歌), 장진주사(將進酒辭) 등 조선 시대를 대표하는 가사와 한
시, 단가 등을 남긴 송강 정철(松江 鄭澈, 1536~1593)의 관동별곡(關
東別曲)에 영추문 출입에 대해 언급한 내용이 있다.

　관동별곡에 "임금께서 강원도 관찰사의 관직을 맡겨주시니 기쁨에 넘
쳐 연추문(延秋門)으로 달려들어가 경회루 남문을 바라보며 하직 인사
를 하고 물러 나오니"라고 나오는데, 당시의 출입문을 이용하는 신분과
관련된 역사적 기록과 일치한다.

"강호(江湖)애 병(病)이 깁퍼 듁님(竹林)의 누엇더니,
관동(關東) 팔빅니(八百里)에 방면(方面)을 맛디시니,
어와 셩은(聖恩)이야 가디록 망극(罔極)ᄒ다.

> 연츄문(延秋門) 드리드라 경회남문(慶會南門) 브라보며,
> 하직(下直)고 믈너나니 옥졀(玉節)이 알픠 셧다.
> 평구역(平丘驛) 물을 구라 흑슈(黑水)로 도라드니,
> 셤강(蟾江)은 어듸메오, 티악(雉岳)이 여긔로다."

　관동별곡은 정철이 강원도 관찰사로 부임하며 금강산과 관동팔경 등의 절승(絕勝)을 두루 유람하고, 감흥을 남긴 글인데 가사 문학의 백미로 꼽힌다. 그 관동별곡에서 경복궁 문에 관한 역사적 사실을 엿볼 수 있는 것이다.

경복궁 내부에서 보이는 영추문

방향 또는 방위는 어느 쪽을 가리키는 일반적인 개념이었지만, 자연 현상과 풍수적 요소가 더해지고 누대에 걸친 문화적 요소가 덧씌워지면서, 어느 순간부터 귀천(貴賤)이나 길흉(吉凶)의 상징으로 작용했다.

방향에 따른 존비(尊卑, 신분의 높고 낮음)의 개념은 시대에 따라 바뀌어 왔는데 중국의 경우 춘추전국(春秋戰國)시대까지는 오른쪽이 우월했다. 중국 은조(殷朝) 시기에는 좌(左)보다 우(右)를 숭상하였다는 기록이 있는데, 예기·왕제편(禮記·王制篇)에 "귀족들은 우학(右學, 대학에 해당)에서 공부하게 하고 서민들은 좌학(左學)에서 공부하게 하였다"(殷人養國老于右學, 養庶老于左學)는 기록이 있다.

이 기록과 함께 "황제는 북쪽에서 남면(南面)했다. 남면은 지존(至尊)의 뜻이고, 남면술(南面術)은 황제의 통치술을 의미한다. 황제의 왼쪽, 즉 동쪽은 서쪽보다 우위에 있다. 황후(皇后)는 동궁(東宮)에, 비빈(妃嬪)은 서궁(西宮)에 살았다"는 기록도 존재한다. 이 기록으로 볼 때 황제 권력이 등장한 진(秦) 이후에는 좌존우비(左尊右卑)의 개념이 정립된 것으로 보인다. 남좌여우(男左女右), 문좌무우(文左武右)의 관념도 이때부터 시작한 것으로 판단된다.

우리나라의 경우에는 고구려 때부터 동쪽을 높여 대하는 관념인 동방 숭상의 관념이 있었는데, 좌존우비의 관념은 신라, 백제 등에서도 같았을 것으로 판단된다. 이러한 관념은 오래도록 사회적인 예법으로 통용되었다.

따라서 공간을 배치할 때 남향을 기본으로 하여 남쪽을 바라보는 시각에서, 왼쪽인 동쪽은 만물이 생동하는 방향이라 하여 귀하게 여겼고, 위계에서 동쪽은 오른쪽인 서쪽보다 상대적으로 높은 곳에 속했다. 직위에 대한 개념에서도 조선 시대에는 좌의정의 지위가 우의정보다 높았다.

이렇게 전통적 관념에서 좌우의 방향과 동서의 방향은 상징적 의미에서 중요하게 구분하였다. 그에 따라 대개 왼쪽과 동쪽, 이 두 방향이 상대적으로 귀하고 위계상 높은 지위였고, 오른쪽과 서쪽은 상대적으로 낮은 위계라 생각했다.

동서남북과
좌우 위계의 불일치와 건축법

향을 정할 때 대개 남향을 기본으로 하였기에 좌우와 동서의 방향이 일치하여 상대적인 위계상 문제가 없었지만, 특별한 경우 왼쪽이 서쪽이고 오른쪽이 동쪽인 경우가 있을 수 있다. 지형상, 또는 공간 선택의 여지가 없는 북향입지의 건축공간일 경우 그럴 수밖에 없었다. 특히 방향에 대한 위계질서를 중요하게 여기는 서원 같은 경우 위치한 지역의 형세에 따라 부득이하게 북쪽을 바라보고 건축하는 때도 있었다.

이럴 경우 왼쪽의 방향은 서쪽이 되겠지만, 이때는 동쪽보다 서쪽의 위계가 상대적으로 낮음을 무시하고 좌우의 기준인 왼쪽 공간을 우선한다. 따라서 왼쪽에 해당하는 서쪽 공간을 더 높은 위계질서로 적용하게 된다. 즉, 방향의 위계질서를 따질 때 동쪽과 왼쪽이 서로 엇갈리면, 왼쪽 공간을 우선하여 비록 서쪽이지만 동쪽보다 상대적으로 높은 위계 공간으로 인정한다는 것이다.

이런 기준이 적용되어 북향의 서원에서는 공간의 위계상 왼쪽이 높은 곳이라 실제로는 동쪽에 있는 건물이라는 의미로 이름 지어진 동재(선배들이 기거)를 서쪽에 배치한다. 반대로 서재(후배들이 기거)와 같은 상대적으로 낮은 위계의 공간을 동쪽에 배치하였다.

이처럼 공간에 대한 위계는 바라보는 설계의 주관자, 사용자인 공간의 주인 입장에서 동과 서를 구분하여 그중 왼쪽을 위계상 더 높은 공간으로 하였다. 다시 말해 고정된 절대적 기준인 동과 서의 방위보다는 좌존우비의 개념인 공간 주인의 시각이라는 상대적 기준에 따라 좌와 우의 방향을 우선하여 판단한 것이다.

우리나라 서원건축 중 가장 규범적이고 전형적이며 건축적 완성도와 공간 구성이 우수하다고 평가받는 도동서원(道東書院)은 한훤당(寒暄堂) 김굉필(金宏弼, 1454~1504)을 숭앙하기 위해 세운 서원이다. 그런데 도동서원은 낙동강을 바라보는 북동향으로 배치되었다. 이 때문에 강당 앞마당 왼쪽에 있는 동재(서쪽에 배치)인 거인재(居仁齋)와 오른쪽에 있는 서재(동쪽에 배치) 거의재(居義齋)가 바로 앞에서 설명한 사례에 해당한다.

거인재의 '인'과 거의재의 '의'는 유가의 이상인 오상(五常) '인의예지신'(仁義禮智信)에서 각각 동과 서를 상징하는 방향성을 내포하고 있다. 도성 사대문의 명칭에서 보았듯이 '인'은 동쪽(동대문, 흥인지문)을 의미한다. 그렇지만 북향의 배치에 따라 거인재를 더 중요하게 여기는 왼쪽인 서쪽에 배치하고, 위계상 상위 개념으로 인정하고 있다. 마찬가지로 '의'는 서쪽(서대문, 돈의문)을 의미하지만, 실질적으로는 동쪽에 배치하여 위계상 하위 개념을 적용하였다.

도동서원 전경(서쪽인 왼쪽이 동재, 오른쪽이 서재)
[출처: 문화재청 국가문화유산포털]

다시 정리한다면, 일사량 확보가 좋은 남향을 택한 일반적인 공간 입지의 경우 동쪽은 좌측, 서쪽은 우측으로 일치하여 동쪽(좌측)을 위계 질서상 높은 곳으로 분류하는 데 문제가 없다. 그러나 북향 입지의 경우 동과 서, 그리고 좌우가 서로 엇갈리게 된다. 이때는 동쪽이라는 고정된 방향보다는 주된 사용자인 주인의 시각적 방향을 우선하여 좌측(서쪽)에 더 높은 위계를 두고 동쪽보다 서쪽을 더 높은 지위의 공간으로 인정하였다. 동과 서, 그리고 좌우의 위계를 비교하였을 때, 공간 위계 문제는 입지한 향의 절대적인 방향(동·서)보다는 주인의 시각에 따른 상대적인 방향(좌·우)을 우선하여 판단하였던 것이다.

물론 전통공간에서 최고로 높은 위계는 대문으로부터 가장 안쪽, 깊은 곳에 위치하는 공간이다. 그러나 어떠한 경우든 왼쪽을 오른쪽보다 높은 위계 공간으로 삼았다.

궁궐을 드나들 때 대문은 3칸으로 만들어, 중앙 부분은 왕이 가마를 타고 이동하는 어도(御道, 임금의 길이라는 의미)의 공간이었다. 그리고 임금이 머무는 장소에서 대문을 바라봤을 때의 방향을 기준으로 좌우를 따져서 왼쪽, 즉 동쪽 문으로는 문신이 출입하였고, 오른쪽인 서쪽 문으로는 무신이 출입하도록 길을 나눠 통행하였다.

이들의 통행로뿐만 아니라 공간 역시 좌우로 나누어 배치하였는데, 근정전 공간의 어도를 중심으로 좌우로 나눠 왼쪽 공간에 해당하는 동반인 문신과 오른쪽 공간에 해당하는 서반인 무신을 일괄하여 양반이라 불렀다. 이때도 좌측, 동쪽을 위계상 높은 곳으로 여겨 문신(문반)의 공간으로 정했는데 무신(무반)보다 문신이 상대적으로 높은 위계임을 짐작할 수 있다.

양반은 지금은 이 양반, 저 양반 하며 보통 상대와 격론을 벌이거나 싸움을 할 때 시비조의 호칭으로 사용하지만, 당시에는 동반과 서반의 문신과 무신으로 구분된 벼슬아치들을 통칭하는 신분의 호칭이었다.

강녕전과 교태전의
용마루가 없는 특별한 설계

왕과 왕비가 일상을 보내는 거처이자 침전인 경복궁 강녕전과 교태전 건물은 건축적 디자인 면에서 일반적인 건물과 다른 특이한 부분이 있다. 결론부터 말하자면 바로 용마루이다.

강녕전의 지붕 합각

경복궁 강녕전

　지붕과 지붕이 만나는 중앙의 합각 부분에 백회와 같은 재료로 양생하거나 기와를 켜켜이 얹어서 쌓아 올린 부분을 용마루라고 한다. 그런데 위 사진에서처럼 강녕전과 교태전 건물만은 지붕 합각 부분을 양생이나 기와를 쌓아 올려 마무리하지 않고, 말의 안장 모양을 닮은 안장기와로 간소하게 마무리했다. 용마루를 설치하지 않았다는 얘기이다.

　용마루를 구성하지 않은 형식의 전각을 무량각(無樑閣)이라 하고, 지붕마루고개에 사용한 굽은 수키와와 암키와를 총칭하여 무량갓기와, 곡와(曲瓦), 안장기와라 한다. 용마루를 설치하지 않을 경우 마무리를 정교하게 처리하지 않으면 이음매 부분이 노출되어 빗물이 건물 안으로 스며들기 쉽다. 이렇게 목조건물에 치명적인 누수가 발생할 수

있는 단점이 있는데도 강녕전과 교태전을 굳이 안장기와로 한 이유는
무엇일까?

창덕궁의 왕비 침전인 대조전(아래 사진) 역시 용마루가 없다.
경복궁의 강녕전과 교태전를 비롯하여 창덕궁 대조전까지 왕의 중심
거처에는 이렇게 용마루를 얹지 않았다. 왕과 왕비의 침전건물에 용마
루를 얹지 않은 이유 중 하나는 왕과 왕비의 신분이 지고지존(至高至
尊)을 상징하기 때문이다. 용은 왕의 상징인데 용과 같은 왕이 머무는

창덕궁 대조전

거소인 침전 위에 용을 상징하는 또 다른 용마루를 설치할 필요가 없는 것이다.

또 다른 이유로는 다음 보위를 이어나갈 왕자의 생산과 관련이 있다. 왕자 잉태를 위해서는 하늘과 땅의 기운이 서로 통하고, 음과 양의 정기가 잘 조화되어야 한다. 그러려면 하늘과 땅의 교합(交合)을 막는 장애물이 없어야 한다. 그런데 침전의 용마루는 지붕의 가장 높은 곳에서 하늘과 땅의 교류를 막는, 경계를 짓는 걸림돌이 될 수가 있어 용마루를 올리지 않은 것이다.

강녕전과 교태전에 용마루가 없는 까닭은 앞에서 살펴본 것 외에 또 다른 이유가 있을 수도 있다. 하지만 중요한 것은 그런 이유의 옳고 그름보다 궁궐은 건물의 용도, 사용자의 신분 등에 따른 상징성을 포함하여 섬세하게 건축하고 디자인되었다는 점이다.

이름으로 구분한 건축물의 위계

　전통적으로 건축물은 사용하는 사람들의 신분에 따른 계급이 있고 그에 따라 붙이는 이름을 달리했다. 건물 이름의 제일 뒤에 붙는 꼬리말이 신분에 따라 정해지는 것이다. 이를 건축물의 위계라 할 수 있는데, 바로 '전·당·합·각·재·헌·루·정'(殿·堂·閤·閣·齋·軒·樓·亭)으로 붙이는 꼬리말이 건물의 신분이자, 위계질서를 나타내는 이름이다.

　전(殿)은 왕과 왕비 그리고 왕의 어머니나 할머니가 쓰는 건물이다. 건물의 위계 중 가장 높은 신분이라 할 수 있다. 전은 일상적인 기거활동 공간인 경우보다는 의식행사나 혹은 일상 활동이라 하더라도 공적인 활동을 하는 건물을 지칭한다. 앞에서 언급했던 근정전, 강녕전, 교태전 등 모두 전이라는 최고의 위계를 나타내는 이름을 썼다.

　또한, 사찰에서 부처님을 모신 대웅전(大雄殿) 그리고 성균관이나 향교에서 공자의 위패를 모신 건물인 대성전(大成殿) 등에도 '전'을 붙였다. 이는 왕의 신분과 같은 최고의 위계로 모셔진 건물이라는 의미로 해석할 수 있다. 나라를 다스리는 임금에게 신하들이 전하(殿下)라고 호칭했었는데 그 의미는 '전에 머무는 분'이라는 것이다.

당(堂)은 전에 비해서 규모는 떨어지지 않으나 한 단계 격이 낮은 건물로 공적인 활동보다는 조금 더 일상적인 활동 공간으로 쓰였다. 왕과 왕비 등은 당의 주인이 될 수 있다. 사찰에서도 전보다는 격이 떨어지는 조사당(祖師堂)처럼 최고의 지존이 아닌, 또는 사람을 모신 건물에는 대체로 '당'을 붙였다. 명륜당(明倫堂)과 같이 성균관, 향교 등에서 유생들이 모여서 강학하는 건물에도 격을 낮춰 당을 사용한다.

합(閤)이나 각(閣)은 전의 부속 건물일 수도 있고 독립된 건물일 수도 있지만, 대개는 전이나 당 부근에서 그것을 보위하는 기능을 발휘하며, 당연히 지위는 물론 규모에서도 전이나 당보다는 떨어진다. 요즘에는 대통령 호칭을 '~대통령님'이라 하지만 1990년대까지도 대통령을 '각하'(閣下)라 하였다. 혈통으로 권력을 이어가는 절대 권력인 '전하'보다는 격이 낮은 것으로 이해하면 되겠다.

재(齋)와 헌(軒)은 왕실 가족이나 궁궐에서 활동하는 사람들이 주로 쓰는 기거, 활동 공간이다. 재(齋)는 숙식 등 일상적인 주거용이나 혹은 조용하게 독서나 사색을 하는 용도로 쓰는 건물을 의미하고, 헌(軒)은 대청마루 그 자체를 지칭하거나 대청마루가 발달하여 있는 집을 가리키는 경우가 많다. 용도에서도 일상적 주거용보다는 상대적으로 공무적인 기능을 가진 경우가 흔하다.

누(樓)는 바닥이 지면에서 사람 한 길 높이 정도로 올려 지은 마루로 되어 있는 집이다. 주요 건물의 일부로서 누 마루방 형태로 되어 있거나 큰 정자 형태를 띠기도 한다. 또 전통 건축물에도 간혹 이 층으로 된 건물이 있는데 이럴 경우 일 층과 이 층의 이름을 따로 지어 붙여 일 층에는 각(閣), 이 층에는 누(樓)가 붙는다. 고루거각(高樓巨閣)과 같이 누와 각이 하나로 묶이기도 하는데, 대개 루는 공적인 기능을 담당한다. 전남 구례의 운조루(雲鳥樓)와 같이 사대부 사랑채에 부속된 건물에도 사용하는 등 일부 예외는 있다.

정(亭)은 흔히 정자(亭子)라고 불리는데, 보통 경관이 좋은 곳에 지어 휴식이나 연회 공간으로 이용하며. 대개 개인적인 용도로 짓는다. 지붕의 모양이나 재료에 따라서 육각정, 팔각정, 또는 모정 등으로 구분하여 부르기도 한다.

전·당·합·각·재·헌·루·정(殿·堂·閤·閣·齋·軒·樓·亭)은 엄격한 것은 아니지만 대체로 규모가 큰 것에서 작은 것으로 가는 순서요, 품격이 높은 곳에서 낮은 것으로 가는 순서다. 용도에서도 공식행사를 치르는 공간에서 일상 주거용으로, 다시 비일상적이며 특별한 용도로, 휴식 공간으로 이어지는 순이다. 우리의 전통 건축물은 이렇게 사용자의 신분 위계에 따라, 사용되는 용도에 따라 이름을 달리하여 사용하였다.

연꽃의 고고함을 담아낸 공간,
향원지와 향원정

　전통공간에는 물을 가두어 둔 '못'이라고 하는 수경 공간을 오래전부터 조성해왔다. 못에는 물이 가지고 있는 심미적 기능과 이상향으로서의 상징적 의미, 그리고 음양의 조화를 중요하게 여기는 전통적 우주관과 철학적인 의미가 있기 때문이다.

　경관을 조성할 때 활용할 수 있는 물이라는 소재는 지루하거나 산만했던 분위기를 집중시키거나 전환할 수 있는 큰 장점이 있다. 힘차게 부서지며 역동적으로 흐르는 물은 활력이라는 강한 에너지를 제공한다. 이와는 달리 쉬는 듯, 고인 듯 고요하고 잔잔한 물은 심리적 안정을 주고, 심미적 아름다움의 대상이 된다.

　이런 물은 필요에 따라 흐르는 방법이나 종류를 구분하여 '솟는 물'(泉)과 '흐르는 물'(川), '가둔 물'(池)로 구분하여 지혜롭게 활용하였다.

물을 이용한 수경의 조성은 삼국시대부터 유적을 찾아볼 수 있으며, 종류로는 '지당'(池塘, 경복궁의 향원지, 경회루지 등), '계간'(溪澗, 창덕궁의 옥류천), '정천'(井泉, 창덕궁 옥류천 인근 어정[御井]) 등 다양하다.

　　보통 낮은 곳에 물이 괸 것은 '지'(池), 둑을 쌓아 물이 괴도록 한 것은 '당'(塘)이라 하는데, 지당(池塘)은 이 둘을 한데 묶어 부른 것이다. 지는 다시 곡선으로 지안(池岸)을 조성한 '곡지'(曲池)와 직선으로 처리한 '방지'(方池), 곡선과 직선을 혼합한 '원지'(苑池)로 구분할 수 있다.

옥류천 좌측 위쪽에 위치한 사모지붕 형태의 뚜껑을 덮은 어정

우리말인 '못'[지(池) 또는 지당(池塘)]은 천연 또는 인위적으로 물을 가두어 놓은 수경 공간인데 일반적으로 연꽃을 즐겨 심었기 때문에 자연스레 연이 심긴 못이라는 의미로 '연못'이라 하였다.

못은 조성한 목적에 따라, 연꽃을 심어 감상하기 위한 못은 '연지'(蓮池 또는 연못)라 하고, 불(佛), 탑, 산봉우리 등 아름답거나 특별한 의미가 있는 경관을 비추어 보기 위한 못은 '영지'(影池)라 한다. 따라서 특별히 다른 목적으로 설치했거나 연을 심지 않은 일반적인 못을 연못이라 통칭하여 부르는 것은 잘못된 지칭일 수 있다.

경복궁 후원 향원지와 향원정

경복궁에는 후원에 수경 공간이 있다.

왕과 왕족이 생활하는 공간인 연조를 지나 더 깊은 안쪽 공간으로 진입하면, 아름다운 못(池)인 향원지와 정육각형의 2층 정자 향원정이 있는데 바로 경복궁의 후원이다.

중국 송나라 염계 주돈이(濂溪 周敦頤)는 '애련설'(愛蓮說)에서 '연꽃의 향은 멀리 갈수록 그 맑음을 더 한다'[향원익청(香遠益淸)]고 하였는데 향원지, 향원정의 이름은 여기에서 따왔다.

애련설에서 알 수 있듯이 연꽃은 세상의 더러움과 욕심에 물들지 않고 청렴 고결한 군자의 고고함을 상징했다. 흔히들 연꽃을 불교의 상징으로 이해하지만, 유가적 군자의 상징이기도 했다.

향원지 물 공급은
유체역학으로 섬세하게

  못을 조성할 때도 사용 목적에 따라 물이 흘러드는 방법을 달리하였다. 그 방법은 첫째 수평으로 흘러들게 하는 '자일'(自溢), 둘째 못에 물을 떨어뜨리는 방법인 '현폭'(懸瀑), 셋째 지하로 흘러들어와 못에 유입시키는 '잠류'(潛流) 등이다. 특히 주변의 특별한 경관을 비추어 보기 위해 만든 영지의 경우 물을 떨어뜨려 파문을 일으키면 안 되기에 잠류 또는 자일형식이 가장 유효한 방법이었다.

  다음 페이지 사진에서처럼 향원지에 물을 공급하는 원천인 열상진원(洌上眞源)은 '차고 맑은 물의 근원'이라는 뜻이나 열수(洌水)가 한강의 옛 이름이라는 근거를 들어 왕궁에서 발원한 물이 한강으로 흐른다는 상징적인 의미로 '열상'[洌(한강)上], 즉 한강의 근원(源)이란 뜻으로 해석하기도 한다.
  그렇지만 열수(洌水)는 대동강의 고조선 때 이름으로 열수(烈水), 패강(浿江), 대동강(大同江), 대통강(大通江) 등 다양한 이칭 중 하나로

향원지에 물을 공급하는 자일기법의 열상진원

사용하였다는 기록이 있어 참조할 필요가 있다.

열상진원은 물이 솟는 곳과 유입되는 못과의 높이 차에 따른 낙폭과 빠른 유속을 완화시키려 계단식 구조로 순차적인 단차를 적용해 물이 흐르도록 하는 특별한 설계를 적용했다. 우선 향원지로 유입되기 전에 둥근 모양의 홈을 파서 물이 흐르는 속도를 늦추었고, 잠시 머물렀다 방향을 틀어 흐르도록 서류동입(서출동류의 귀한 물의 흐름)의 흐름을 만들었다. 향원지에 유입되는 물의 온도가 너무 차갑지 않도록 체류시간을 늘리고, 낙차에 의해 물이 떨어져 생기는 파문으로 잔잔함을 깨지 않는 것까지 고려하여 설계하기도 했다.

'유체의 속력은 좁은 통로를 흐를 때 증가하고 넓은 통로를 흐를 때 감소한다'는 것이 유체역학의 기본법칙인 베르누이 정리(Bernoulli's theorem)이다. 향원지는 이를 적용하여 둥근 모양의 넓은 홈을 파서 유속을 감소시키고 흐르는 물이 체류하는 시간을 늘려 수온을 주변의 온도에 맞추려 했다.

향원지의 열상진원에는 그곳에 사는 물고기가 물이 떨어져 생기는 파동과 차가운 물에 놀라지 않고, 또 거울과 같이 잔잔한 향원지에 비친 향원정과 주변의 아름다운 풍광이 흐트러지지 않도록, 여기에 물의 흐름을 늦추어 못으로 들어가는 이물질을 걸러내어 못의 점진적인 퇴적을 방지하려는 의도까지, 여러모로 과학적이고 세심한 배려가 숨어있다.

열상진원은 못에 물이 수평으로 흘러들게 하는 첫 번째 방법인 자일기법을 적용하였고 향원지의 물은 경회루지로 흘러간다.

못에 물을 유입시키는 두 번째 방법은 현폭기법이다. 이는 경회루지(다음 페이지 위 사진)와 여주 영릉의 명당수(다음 페이지 아래 사진)에서 볼 수 있는데, 이수를 통해서 유입되는 물이 낙차에 의해 못에 떨어지도록 하는 방법이다. 물이 낙차 있게 떨어지면서 공급되는 형태인데, 이렇게 못에 물이 유입되면 잔잔한 수면을 통해 비치는 경치를 감상할 수 없고 물고기가 놀랄 수 있어 대개 자일이나 잠류의 방법을 많이 사용한다.

경회루지 지안의 현폭 이수

여주 영릉 지안의 현폭 이수의 모양

경회루지는 북쪽 호안에 조각된 용머리(이수) 조각상의 입을 통해 연못에 떨어지는 현폭(懸瀑)의 방법, 동쪽 호안의 돌다리 밑으로 용의 목덜미를 통해 수평으로 흘러드는 자일(自溢)기법, 그리고 북쪽의 못 바닥에서 상당한 양의 지하수가 흘러들어와 연못에 유입되는 잠류(潛流) 형식 등 나라의 최고 지당에 걸맞게 못에 물을 끌어들이는 세 가지 연출기법을 모두 사용한 것이다.

경회루지에는 화재를 방지하기 위하여 연못에 청동 용 두 마리를 넣었다는 기록이 있는데, 1997년 연못 공사를 위해 연못의 물을 뺐을 때 한 마리가 발견되어 박물관에 전시되고 있으며, 나머지 한 마리는 발견되지 않았다.

전통의 우주관과 철학을
오롯이 담아낸 경회루

경회루는 침전인 강녕전 서쪽에 조성된 우리나라에서 가장 큰 누각
으로 외국 사신을 접견하기 위해 만들어졌다. 하지만 임금은 올바른 사

경회루(慶會樓)

람을 얻어야만 정사를 바로 할 수 있다는 뜻에 맞게 임금과 신하들이 함께 연회를 베푸는 공간으로도 사용되었다.

1865년 정학순(丁學洵)의 '경회루 36궁지도'(慶會樓 36宮之圖, 다음 페이지 사진)를 참조하면 경회루의 평면 구성에 담긴 자연의 이치 등 건축 사상적 의미를 확인할 수 있다. 여기에는 경회루가 불을 억제하기 위하여 육육궁의 원리에 따라 지어졌다고도 적혀 있다. 8괘에서 6은 감괘(坎卦)로 본래 큰물(水)을 의미하는 수인데, 경회루를 구성하고 있는 공간과 구조부재의 개수 등이 6궁의 원리를 따랐다는 데서 이 사실을 알 수 있다.

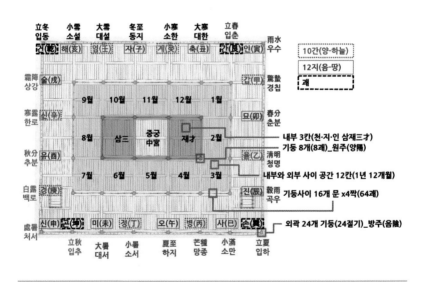

경회루(慶會樓)에 담긴 누각의 상징

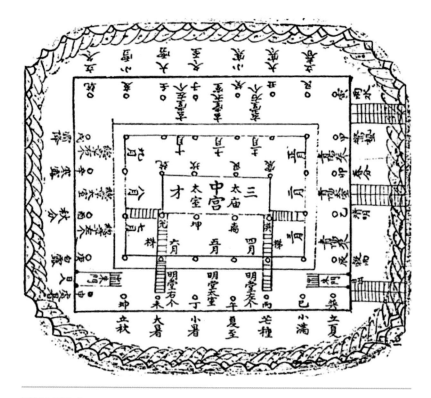

경회루 36궁지도

　경회루는 정면 7칸, 측면 5칸으로 되었고 전체의 기둥 수는 48개인데
전체 기둥 중 24개의 기둥(네모기둥)은 바깥쪽에 세워지고 나머지 24개
의 기둥(둥근기둥)은 안쪽에 세워져 있다. 바깥쪽의 24개 기둥은 24절기
를 의미한다. 경회루의 바깥 돌기둥의 단면은 네모나고 안쪽 나무기둥은
둥근데 이것은 '땅은 네모나고 하늘은 둥글다'라는 천원지방(天圓地方)
의 전통적 우주관과 음(方, 네모)과 양(圓, 원)의 조화를 상징한다.

경회루 방주(사각기둥)와 원주(둥근기둥)

북쪽의 바깥 8개의 돌기둥 중 서쪽에서 네 번째에 해당하는 중앙에 위치한 기둥이 동지(冬至)를 의미하고, 그 기둥으로부터 시계방향으로 소한·대한·입춘·우수·경칩이 되고, 동쪽 측면의 중앙 칸의 북쪽 기둥은 춘분(春分)이 된다.

다시 시계방향으로 청명·곡우·입하·소만·망종이 되어 남쪽의 중앙 칸 동쪽 기둥, 즉 동쪽에서 4번째 기둥이 하지(夏至)가 된다. 이렇게 다시 시계방향으로 돌아 소서·대서·입추·처서·백로, 그리고 서쪽 측면 중앙 칸 남쪽 기둥은 추분(秋分)이 되고, 다시 돌아 한로·상강·입동·

소설·대설·동지의 순으로 이어지게 된다.

24개의 기둥은 각각 24절기라는 의미와 24방(方)의 의미도 지니고 있다. 건물 안쪽의 기둥들로 구성된 정면 5칸과 측면 3칸은 1년 열두 달을 의미하는 12칸으로 되어 있다. 이 12칸은 북동쪽 모서리 칸이 1월(正月)이 되어 시계방향으로 12월까지 열두 달을 상징한다.

가장 안쪽에 8개의 기둥으로 이루어진 3칸의 공간은 8괘와 우리의 전통사상인 3재(三才) 사상에 해당하는 하늘·땅·사람(天·地·人)을 상징하며, 가운데 공간인 중궁은 가장 높도록 단차를 올려놓아 지위가 높은 사람의 공간임을 나타낸다.

경회루는 나무와 돌, 그리고 사각형과 원형 등 기둥의 재료와 모양새를 통해 음양의 원리와 하늘은 둥글고 땅은 네모지다는 천원지방(天圓地方)의 전통적인 우주관을 형상화했다.

그리고 기둥과 그로 인해 형성된 공간에 동양의 주요사상인 주역원리(周易原理)와 우리 민족의 고유사상인 삼재 사상 등을 담아 전통적 우주관과 철학을 종합적으로 표현하고 반영한 건축기술의 최고봉이라 할 수 있다.

임금들이 가장 오래 거처했던
자연 친화적 궁궐, 창덕궁

"도(都)를 택할 자가 승(무학)의 말을 믿으면 국운이 연장될 것이나, 정(정도전)씨가 나와 시비를 품으면 오세(五世)가 되지 못해 (왕위) 찬탈의 화를 면치 못하고, 200년 내외에 탕진할 위험이 있을 것이다."

저주와도 같은 무학대사의 예언이다.

이 예언은 태조의 왕위계승 과정에서 불만을 품은 다섯째 아들 이방원이 형제들을 살해하고 무력으로 왕위를 찬탈했던 왕자의 난으로 현실화되었다. 왕위 계승과정의 혼란으로 민심이 흉흉해지고 범상치 않은 자연 재앙 등이 발생하자, 이를 달래고자 1차 왕자의 난 이후 즉위한 정종은 옛 고려 수도인 개성으로 환도하기도 했다.

하지만 조선의 3대 임금인 태종이 즉위한 후 무학의 간곡한 청에 의해 다시 한양으로 천도하였다. 개성 환도와 한양 재천도의 과정 중 1405년(태종 5년)에 건립한 궁궐이 바로 창덕궁이다.

경복궁은 남향의 중심축에 따라 좌우의 균형을 고려한 건물의 배치를 중시하는 예법을 엄격하게 존중해서 지었다. 창덕궁은 이와 다르게 궁궐의 정문과 정전의 배치 방향, 그리고 이동 동선이 완전히 틀어질 정도로 지형을 따라 건물들이 자유롭게 흩어져 배치되도록 하였다.

이렇게 된 것은 창덕궁의 지형이 주변 언덕과 어우러지고자 하는 의도와 특히 창덕궁과 종묘의 지맥 흐름이 연계되어 있어 창덕궁과 종묘 주변의 언덕은 풍수지리상 경관을 훼손하면 안 된다고 생각했기 때문이다. 자연의 지형 지세를 최대한 깨뜨리지 않고 흐름에 어울리도록 한 배치의 예는 어디에서도 사례를 찾아보기 힘든 우리만의 독특한 궁궐 건축 배치의 특별함이다.

조선의 궁궐 중 가장 오랫동안 임금들이 거처했던 궁궐은 정궁인 경복궁이 아닌 이궁(移宮) 창덕궁이다. 형제들 간의 다툼과 피로 얼룩진

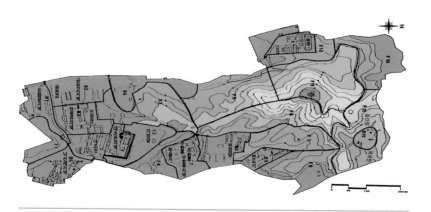

창덕궁(1404년에 건축을 시작하여 1405년 완공)의 지형도
[출처: 문화재관리국(1990). 창덕궁원유(苑囿) 생태조사보고서(수목 및 식생 중심)]

경복궁에서의 불편한 기억은 다시 그곳으로 돌아갈 수 없었던 큰 이유 중 하나이겠지만, 창덕궁이 가진 매력도 빠트릴 수 없다.

앞 사진에서 확인할 수 있듯이 편안하게 늘어진 등고선에 기대어 자연의 흐름을 거스르지 않고 배치한 창덕궁은 자연과 하나 되어 어울리는 배치를 하였다. 이렇게 유연한 동선을 구성한 창덕궁은 자연환경에 어우러진 특별한 아름다움과 편안함이 있었다.

이런 이유 때문에도 역대 왕들이 정궁인 경복궁보다 이궁인 창덕궁을 더 선호하였을 것이고, 자연스레 창덕궁에 머무르는 기간이 길어졌을 것이다.

공간을 개발하고자 할 때 피할 수 없는 현대적 경관보전에 대한 고민의 해법을 창덕궁이 제시하고 있다. 창덕궁처럼 자연과 어우러지고 훼손을 최소화하여 흐름에 합치되는 방향으로 배치하고 공간 활용에 초점을 둔다면 훌륭한 해답을 얻을 수 있는 것이다.

오얏꽃 무늬가 특별한
창덕궁 인정문과 인정전

　창덕궁은 경복궁의 동쪽에 입지하여 동궐(東闕)이라는 별칭으로 불렸다. 창덕궁의 정문인 돈화문을 통해 들어선 후 궁궐 안을 흐르는 명당수 금천(禁川)을 따라 걷다 보면 자연스레 동쪽인 오른쪽으로 꺾어 들어 현존하는 서울의 다리 중에서 가장 오래된 돌다리인 금천교(錦川橋, 15세기 초 건설)를 건너게 된다.

　다리를 건넌 후 마주 보이는 진선문을 통과하면 맞은편으로 숙장문(肅章門)이 보이고 왼쪽으로 정전 공간의 관문인 인정문과 만나게 되는데 이 과정에서 이미 두 번이나 90°에 가깝도록 극적인 방향 전환이 필요하다.

　인정문은 중앙 문과 좌우 문으로 구성된 3문의 형식이며 가운데 문이 가장 넓다. 다른 궁궐의 문들과 마찬가지로 가장 넓은 중앙의 문으로는 임금이 드나들며, 동쪽 문은 문반, 서쪽 문은 무반이 출입하였다.

창덕궁 인정문

　창덕궁 인정문에는 다른 궁궐의 문과는 다른 특별함이 있는데 용마루의 양성부에 오얏꽃[자두꽃의 옛말, 한자로는 이화(李花)라 표기] 문양 3개를 새겨 놓았다. 이화(李花)는 왕가인 이(李) 씨 성을 상징하는데 조선말 고종은 대한제국을 세우고 황제로 즉위하며 이화를 대한제국 황실의 상징 문장(紋章)으로 사용하였다.

　배꽃의 한자 이름 이화(梨花)는 오얏꽃인 이화(李花)와 발음이 같아 이 둘을 착각하고 혼돈하여 사용하는 경우가 간혹 있다. 오얏꽃과 배꽃은 흰 꽃잎 다섯 장의 크기와 모양, 그리고 꽃 피는 시기까지도 4월 중순 무렵으로 비슷한데 오얏꽃은 꽃 수술의 색이 황색이고, 배꽃은 어두운 자주색이어서 이 차이를 기억하고 자세히 들여다봐야 겨우 구분이 가능하다.

인정문 용마루에는 조선 황실의 상징 문장인 청동으로 만든 3개(앞 페이지 사진)의 오얏꽃 문양이 새겨져 있지만, 정전인 인정전 용마루에는 다섯 개의 오얏꽃(아래 사진) 문장을 새겨 놓았다.

경복궁 근정전 천장에 새겨진 7조룡의 상징적 의미를 설명하면서 발가락의 수가 네 개인 용은 임금을 상징하고, 다섯 개의 용은 황제를 상징한다고 했다. 오얏꽃 문장은 이와 같은 의미로 인정전에는 조선 황실 황제의 집무실임을 나타내기 위해 다섯 송이를 새겨 놓은 것으로 이해할 수 있다.

창덕궁 인정전

창덕궁의 진면목,
부용정과 부용지

야트막한 능선의 흐름을 따라, 자연경관에 어우러지도록 건립된 창덕궁의 진면목은 약 9만 평의 넓이로 조성된 후원에서 만나 볼 수 있다. 가장 큰 관심을 끄는 곳은 부용정(芙蓉亭)과 부용지가 있는 아름다운 연못이다.

부용(芙蓉)은 연꽃의 다른 이름인데 부용지에는 연꽃을 심었으니 부용지는 이름과 용도가 합치되는 명확한 연못이다. 부용지는 전형적인 방지원도(方池圓島, 네모진 못 가운데 둥근 섬)의 형태로 조성하였는데 이런 구조는 우리 전통정원의 특성을 잘 표현한 가장 특징적인 형태의 못이다.

방지원도를 조성했던 이유는 전통적인 우주관인 '하늘은 둥글고(陽) 땅은 네모(陰)지다'는 천원지방설(天圓地方說)과 음양의 조화를 추구하는 복합적인 의미가 있다. 못 가운데 둥근 섬은 바다 한가운데 떠 있다는 신선이 살고 있는 영주(瀛州), 봉래(蓬萊), 방장(方丈)이라 하는 도가적 이상향인 삼신산을 상징한다. 이 때문에 섬에는 주로 신선의 세계를

창덕궁 후원의 부용지와 주합루

상징하고 십장생 중의 하나인 소나무를 심어 놓고 이를 즐겨 감상했다.

부용지의 남서쪽 연못가에 설치한 부용정의 평면 모양은 +자형의 기본 틀을 부용지 수면 위에 발을 내어 설치했다. 여기에 아(亞)자 형의 복잡한 구조를 남쪽 연못가 부분에 덧붙여 궁궐에 설치된 정자의 화려함과 다각화된 기하학적인 아름다움을 멋스럽게 담아냈다.

팔괘의 의미를 담아 조각한 두 개의 팔각형 초석은 연못에 발 담그듯이 설치하여 마치 물 위에 떠 있는 듯한 착각을 일으키도록 최대한 가까이 접근하여 부용지의 경관을 감상할 수 있게 하였다.

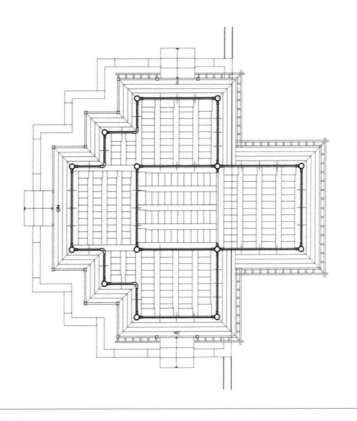

부용정 평면도

[출처: 문화재청 창덕궁관리소(2012). 창덕궁 부용정 해체 실측 수리보고서]

　부용지의 남동쪽 연못가 모서리의 장대석에는 잉어를 한 마리 새겨 놓았는데 이 문양을 새겨 놓은 이유는 중국 후한서(後漢書) 이응전(李膺傳)의 등용문(登龍門) 고사와 관련되어 있다. 양쯔강 상류에 용문이라는 협곡이 있는데 복숭아꽃이 필 무렵에는 시냇물이 불어나서 위로 흐르는 물결인 도화랑(桃花浪)의 거센 물결을 거슬러 뛰어넘는 잉어가 용이 된다는 이야기이다.

온갖 고초를 겪으면서도 장원급제를 통해 출세하기 위해 면학에 힘쓰는 선비를 잉어에 비유하고, 과거에 급제하여 높은 관직에 오르는 것을 '잉어가 변해서 용이 되는 어변성룡'(魚變成龍)에 비유한 것이다.

연못에 발 담그듯이 설치된 부용정의 초석

부용지 남동쪽 호안에 양각된 물고기 문양

면학에 힘쓴 선비가 용이 되어 지나는 어수문과 좌우 협문

부용지의 잉어 문양은 임금의 선정(부용지) 아래 물 만난 선비(물고기)가 학문에 힘써 출세(용)를 하여 소맷돌에는 무지개와 구름을, 상인방에는 두 마리의 용을 조각해 놓은 등용문인 어수문(魚水門, 위 사진)을 지나 임금과 신하가 학문을 논하였던 규장각과 천상의 누각인 주합루(다음 페이지 사진)에 올라 나라의 인재로서의 역량을 펼쳐보라고 독려하는 의미이다.

어수문을 통해 오르는 주합루

　어수문(魚水門)을 지나 계단을 오르면 1층은 왕실의 도서를 보관하는 규장각(奎章閣)이고 2층은 열람실이었다. 이 열람실을 주합루(宙合樓)라고 하지만 건물 전체를 주합루라고 부르기도 한다. 주합루에 오르기 위해서는 왕은 어수문으로, 신하는 어수문 옆의 작은 협문으로 출입을 하였다.

자연 소재로 만든
아름다운 담장, 취병

아래 사진에 보이는 어수문 주변의 취병(翠屛)은 창덕궁 일원을 상세하게 그려놓은 동궐도 등 옛 문헌이나 그림 등의 기록을 참조하여 복원한 것이다. 취병과 관련된 기록은 중국과 우리 옛 문헌 등의 자료에 많이 기술되어 있다.

부용지 방지원도와 어수문의 담장 역할을 하는 취병(翠屛)

동궐도

[출처: 고려대학교 박물관]

동궐도(주합루 권역 확대도)

[출처: 문화재청 궁능유적본부 창덕궁관리소]

취병은 지지대를 세우고 식물을 틀어 올려 병풍 모양으로 만든 생울
타리를 말한다. 전통정원에서 취병은 외부의 시선을 차단하는 차폐의

기능 및 경계·구획의 시설물로 존재했고, 자체로도 아름다운 조형미가 연출되어 궁궐과 상류 주택의 조경요소로 사용됐다.

17세기 창덕궁·창경궁의 모습이 자세히 묘사된 '동궐도'에서는 아름다운 벽면상을 가진 취병이 곳곳에서 발견된다. 이 취병들의 아치형의 문, 곡선을 그리는 식재선이나 판장과 조화된 모습 등은 차폐·구획·경관 향상의 기능을 하였다.

주합루에 설치된 취병은 건물을 경계·위요하는 수벽의 기능뿐만 아니라, 외부에서 바라보는 시각적 틀로서도 작동한다. 주합루 취병은 희우정, 서향각, 주합루, 제월광풍관이 모여 있는 영역을 구획하면서 동시에 영역의 대문인 어수문을 강조하는 수단으로 활용하였다.

취병과 유사한 용도 활용하였던 죽병(竹屛)에 대한 기록도 있는데 죽병은 덩굴성 식물의 가지가 등반·부착하게 하는 보조재(補助材) 또는 유도재(誘導材)의 성격으로 고안된 것이다. 이는 한편 여름 내내 많은 꽃이 연이어 피는 장미과 식물의 관상효과를 극대화하기 위한 장치였으며, 또한 중국 특유의 문화적 향유와 관련되었다.

죽병에는 주로 꽃이 아름다운 장미과 식물이 사용되었으며, 이 식물들을 부식하여 만든 죽병은 평소에 담장의 역할을 하다가 개화기에는 아름다운 화벽을 볼 수 있는 다목적 시설로 설치되었다.

이에 비해 생활이 궁핍한 민가에서는 살아있는 식물 소재를 활용하여 구성한 생울타리를 사용하였는데 주로 쥐똥나무, 회양목, 사철나무, 탱자나무 등 서식지의 기후적 환경에 적합한 종이나 쉽게 구하고 식재할 수 있는 수종을 선택하였다.

생울타리 중 탱자나무와 같은 가시나무 종류의 울타리는 위리안치(圍籬安置)라는 중죄인을 가두어 두는 가혹한 형벌의 하나로 사용되기도 했다.

위리안치는 외인과 왕래하거나 교통하지 못하도록 가시 울타리를 두르고 조석거리(음식)는 10일에 한 차례씩 주며 담 안에 우물을 파서 자급하도록 가두는 중형이다. 대개는 당쟁으로 인한 정치범들이 이 형을 받았는데, 위리안치되는 자는 처첩을 데리고 갈 수 없었다. 위리안치는 보통 탱자나무 울타리로 사면을 둘러 막아놓고 감호하는 주인만 출입할 수 있었다.

어수문의 취병(翠屛)

위리안치와 탱자나무, 바자울

가시가 날카로운 탱자나무 생울타리

안치는 형벌의 경중에 따라 본향안치(本鄕安置), 주군안치(州
郡安置), 자원처안치(自願處安置), 사장안치(私莊安置), 절도안치
(絶島安置), 위리안치(圍籬安置), 천극안치(荐棘安置) 등으로 나
뉘는데 경중은 다르지만 모두 주거를 제한하는 격리·연금 형태
의 형벌이다.

본인의 고향에서만 유배생활을 하도록 하는 본향안치, 일정한
지방을 지정하여 그 안에서만 머물게 하는 주군안치, 개인별장에

머무는 사장안치, 스스로 유배지를 택할 수 있는 자원처안치 등은 비교적 가벼운 격리·연금에 해당하는 형벌이었다. 그러나 절도안치와 위리안치, 그리고 천극안치는 상당히 가혹한 형벌이었다. 절도안치는 육지에서 멀리 떨어진 외딴섬에 안치시키는 형벌이고 위리안치는 외인과 왕래하거나 교통하지 못하도록 가시울타리를 두르고 가두는 중형의 형벌이다.

위리안치보다 더 무거운 형벌인 천극안치는 위리안치된 죄인이 기거하는 방 둘레에 탱자나무 가시를 둘러쳐 막아놓아 위리안치보다 더 좁은 범위로 거주를 제한하는 무거운 형벌이었다.

위리안치에 사용되었던 생울타리인 탱자나무는 주로 환경이 따뜻한 남쪽 지방에 서식이 가능한 남부형의 수종이어서 유배된 죄인들을 가두기에 적합하였다. 대개 죄인들은 제주도와 전라도 지역 또는 뭍에서 멀리 떨어진 섬에 유배되었지만, 연산군, 영창대군, 광해군 등은 강화도에 위리안치 하였다.

강화도는 탱자나무가 서식할 수 있는 온화한 기후이며 지리적으로 한양에서 가까워 관리, 감시가 용이하였기 때문이다.

살아있는 식물을 소재로 사용한 생울타리와는 다르게 죽은 나무 등을 사용하여 울타리를 구성하기도 하였다. 특히 갈대, 억새, 왕골, 옥수숫대, 싸리나무, 대나무, 기타 잔가지 등, 죽은 나무나 나뭇가지를 사용하여 문양을 엮어 만든 울타리는 바자울이라 한다.

바자울은 죽은 나뭇가지를 사용하였지만 풍년이 들어 살림이 넉넉해지면 바자울에도 윤기가 흘렀고, 흉년이 들어 집안에 곡기(穀氣)가 떨어지게 되면 바자울도 꺼칠해진다. 땔감마저 부족하여 불쏘시개로 듬성듬성 뽑아 써서 빠져버린 꺼칠한 바자울의 몰골에는 서민들의 팍팍한 삶의 모습이 그대로 드러난다.

예나 지금이나 여전한 봄빛,
춘당대

한동안 TV 드라마 소재 중 사극이 홀대받아 오더니 정조와 의빈 성씨의 맑고 순수한 사랑을 그려낸 〈옷소매 붉은 끝동〉이라는 드라마가 2021년 하반기 인기를 얻었다. 이 드라마는 같은 제목의 역사소설을 바탕으로 제작했는데 사극이지만 젊은 감각을 녹여내며 흥미를 끌었다.

드라마는 왕의 승은을 입고 명예와 권력을 얻기보다는 궁녀로서의 자신의 삶을 택하고 싶었던 성덕임과 정조 임금에 관한 내용이었다. 탄탄하게 잘 짜인 서사도 좋았지만, 개인적으로는 우리의 궁궐을 가장 아름답게 촬영하고 표현하려 많은 공을 들였던 드라마가 아닌가 생각된다.

드라마에서 자주 나왔던 장소인 부용정은 정조가 특히 좋아했던 공간이었다. 정조와 부용정 그리고 서총대와 관련하여 다음과 기록이 있을 정도이다.

"정조는 침식을 잊을 정도로 정사에 몰두하는 임금이었으나 특별한 경사가 있는 때 신하들과 창덕궁 내원(內苑, 후원)에서 꽃 구경을 하고, 부용정에서 여러 신하와 낚시를 한 뒤 잡은 물고기를 도로 연못에 넣어주었다.

또한, 정조는 창덕궁 춘당대에서 자주 '서총대시사'를 행하였다. 연산군 때 건설한 서총대에서 군사훈련과 무인들의 무예 시험을 치르는 것이 관례가 되어, 어디서든 무예 시험을 치르는 일을 '서총대시사'라고 부르게 되었다.

특히 정조는 장용영(壯勇營)이라는 친위부대를 새로 만들어 서울에는 창경궁 명정전 행각에 일부 군인을 주둔시키고, 지방에는 수원 화성에 주둔시켰다. 왕은 창경궁에 있는 장용영 군인들을 상대로 춘당대에서 자주 무예 시험을 치렀다."

주합루 북동쪽 언덕 위 영화당(暎花堂)

부용지의 북동쪽에는 영화당(앞 페이지 사진)과 넓은 마당이 있는데 춘당대(春塘臺)라 한다. 연산군이 대(臺)를 쌓아 서총대(瑞葱臺)라고 하였는데 나라의 경사가 있을 때 수시로 치렀던 춘당대시(春塘臺試)라고 했던 과거시험과 활쏘기, 종친이나 군신 간의 회식이 영화당 앞마당인 춘당대에서 열렸다.

고전소설 춘향전에서 이몽룡이 과거에 급제한 곳이 바로 여기이다.

춘당대시는 임금이 영화당에서 친림(親臨)했고 알성시(謁聖試)와 마찬가지로 단 한 번의 시험으로 급락이 결정되었으며 급제자도 시험 당일에 발표하였다. 춘당대에서 과거에 급제한 후 학문에 정진하여 등용문에 오르라는 어변성룡의 상징적 의미가 연결되는 장소이다.

다음은 춘향전에 나오는 춘당대와 관련된 이몽룡의 과거 제시이다.

春塘春色古今同 — 춘당대의 봄빛은 예나 지금이나 다름없고
聖世德音滿海東 — 태평성세의 덕음은 해동(우리나라)에 가득하다.

통돌을 깎아 만든 불로문과
술잔이 흐르는 옥류천

아래 사진 불로문은 장수를 기원하는 뜻에서 온전한 화강석 통 돌을
'∩'형태로 다듬어서 만든 문이다. 이 문을 지나가는 사람의 무병장수를
기원하는 의미로 잇댄 돌이 아닌 통 돌을 깎아서 만들었다.

불로문(不老門)

유상곡수지 옥류천(玉流川)

　불로문은 창덕궁 애련지와 연경당으로 들어가는 길에 세워진 돌로 만
든 문틀 모양의 문으로 좌우에 위치한 세로 판석에 돌쩌귀 자국이 남아
있는 것으로 보아 원래는 나무문짝을 달아 여닫았던 것으로 추정된다.

　돌쩌귀는 한옥의 여닫이문에 다는 쇠로 만든 경첩과 같은 역할을 하
는 장식이다. 쐐기와 고리가 결합된 모양의 돌쩌귀는 제작 방법과 부착
하는 방법이 경첩과는 다르다. 대체로 쇠붙이로 만든 암수 2개로 짝을
이루어 사용하는데 수짝은 문짝에 박고, 암짝은 문설주에 박아 서로

맞추어 꽂아 걸어서 문을 열거나 닫을 수 있다.

　문 하나에 2~3쌍의 돌쩌귀를 달았는데, 튼튼한 두께의 쇠붙이로 되어 있어서 문을 떠받치는 힘이 견고하다. 창호지를 새로 바르거나 수리 등 필요할 때 암수 돌쩌귀를 분리하면 문짝을 쉽게 떼어 낼 수 있어 편리하다. 한옥의 방문이나 대문에 사용하였다.

　앞 사진에 보이는 창덕궁 옥류천 또한 유상곡수연(流觴曲水宴)의 장소로 특별한 곳이다.
　유상곡수란 중국 고대 정나라 때 회수(淮水)에서 초혼(招魂)하고 악귀를 쫓는 행사였고, 주나라 때 무녀가 강가에서 재난을 쫓고 병을 물리쳤던 풍습이 있었다는 이야기가 있는 것으로 보아 주로 악귀나 재난을 쫓는 풍습이 전해지면서 훗날에 계연(禊宴)놀이로 변한 것으로 판단된다.

　유상곡수연은 돌을 깎아 물길을 만들고 그 길을 따라 흐르는 물에 술잔을 띄워 자기 앞에 술잔이 돌아오기 전, 짧은 시간에 순번을 돌아가며 시를 짓는 풍류를 즐기는 장소이다. 술잔이 물길을 따라 돌아오는 짧은 시간에 주어진 제시에 운율을 맞추어 한시를 지을 수 있었다는 것은 상당한 실력과 순발력을 갖추지 않으면 결코 즐길 수 없는 일이다. 시각에 따라서는 음풍농월의 비난을 받을 수 있겠지만 그만큼 학문에 대한 깊이가 있어야 가능했다.
　인조가 즐겨 찾았다고 하며 바위에 새겨진 '옥류천'(玉流川) 각자는 인조의 글씨를 새겼고 그 위에 새겨 놓은 한시는 숙종이 지었다 한다.

옥류천보다 더 오래되고 우리에게 널리 알려진 유상곡수연이 있다. 신라 시대 경주에 있는 포석정 유상곡수연이다. 타원형의 구불구불한 물길을 깎아 마치 전복모양의 유상곡수연을 만들어 신라 귀족들이 이 주변에 둘러앉아 흐르는 물에 잔을 띄우고 시를 읊으며 화려한 연회를 벌였다고 한다.

포석정은 "880년대에 신라 헌강왕이 이곳에서 놀았다는 기록이 있지만, 7세기 이전부터 만들어졌던 것으로 추측된다. 927년 11월 신라 경애왕이 이곳에서 화려한 연회를 벌이던 중 뜻하지 않은 후백제군의 공격을 받아 잡혀 죽었다고 전하는 곳"으로 알려져 있다. 즉, 나라가 망해가는 상황에서도 음풍농월에 빠져 즐겼던 부끄러운 역사로 지탄받는 장소가 포석정인 것이다.

하지만 신라 화랑들의 역사를 상세히 밝혀 놓은 〈화랑세기〉(681년에서 687년 사이에 김대문에 의해 저술)는 포석정을 단순히 술을 먹고 노는 향락의 장소가 아닌, 중요한 의례를 치르던 장소로 진골 이상의 귀족이 결혼식과 예를 올리는 사당으로 기록하고 있다.

나라가 침략을 당해 백척간두(百尺竿頭)인 상황에서 왕이 한가로이 술을 나눠 마시고 시를 짓는 유상곡수연을 하였다는 추측이 과연 타당한지, 포석정의 장소성에 대한 지금까지의 역사적 해석은 다시 살펴봐야 할 필요가 있다.

흐트러진 마음을 다잡는
엄숙함의 공간, 종묘

　형기론적인 풍수지리의 관점에서 국세를 판단하거나 운에 대해 점술적 판단을 할 때 포(胞)·태(胎)·양(養)·생(長生)·욕(沐浴)·대(冠帶)·관(臨官)·왕(帝旺)·쇠(衰)·병(病)·사(死)·묘(墓)로 구성된 12포태법을 기준으로 흥망성쇠의 기운을 설명한다.

　이는 생명의 탄생에서 독립된 개체로의 성장과 출세의 과정, 그리고 심신이 쇠약해져서 임종을 맞이하는 순환의 관계를 12단계로 구분하여 표현하는 방법이다. 세상의 모든 것은 생(生)이 있으면 성(成)과 흥(興)의 과정을 거쳐 어느 때이고 반드시 멸(滅)의 순간을 맞이하게 된다는 순리이다.

　세상에서 비길 것 없는 부귀영화와 권좌를 누렸을 최고의 권력도 예외 없이 이겨낼 수 없는 세월의 무상함, 결국 모든 것을 내려놓고 화려했던 무대에서 내려와 빛바랜 역사의 단출한 흔적으로 남을 수밖에 없는 자연의 이치다.

엄숙한 분위기의 종묘 정전

　종묘(宗廟)는 그래서 더욱 쓸쓸하고 비장(悲壯)하게 느껴지는 공간이
다. 역대 왕과 왕비 그리고 추존왕 및 왕비의 신주(神主) 등을 봉안한
국가의 사당이자 신궁인 종묘는 조선의 5대 궁궐에 덧붙여 신궁으로서
왕실과 나라의 근간이 되는 상징성을 지닌 곳이다.

　정면에 마주 보이는 좌우로 길게 늘어선 맞배지붕 기와의 장중한 모
습은 이곳이 지극히 경건하고 엄숙한 공간임을 알려주면서, 최고의 건
축 설계·시공 기술이 적용되었음을 느낄 수 있다.
　정전과 영녕전, 그리고 부속 건물들을 구성하고 있는 공간요소들인
넓고 장엄한 월대(越臺), 엄숙하고 경건한 분위기를 조성하는 열주(列

柱) 등은 안정과 영속에 대한 간절한 기원을 장중하게 표출하고 있다. 화려한 문양과 색채는 생략하거나 최대한 절제하여 제례 공간으로의 충분한 무게감과 숙연한 분위기를 연출해 낸 최고의 설계기술이자 건축시공 기술의 백미이다.

이런 공간에서는 오랜만의 나들이에 한껏 들떴던 흥분이 절로 잦아들어 따로 말하지 않아도 고개가 숙여지고 너나 할 것 없이 마음이 고요해지게 마련이다.

훌륭한 건축은 내외의 공간 구성이라는 기본적 정의에 충실함은 물론 장소와 쓰임에 합치되도록 디자인되어야 한다.

경건함과 엄숙한 분위기를 조성하는 정연한 기와지붕

종묘의 정전에서는 사람이 아닌 공간이, 건물이, 눈앞에 좌우로 정연한 기와지붕과 배알하듯 늘어선 기둥들이 자연스레 '숙연하라', '엄중하라', '경건하라'며 흐트러진 마음을 다잡아 강요한다.

디자인과 철학이 어우러진 건축

아무것도 모르던 대학원 석사과정 초기, 한국 최고의 조경작가 이교
원 교수의 수업을 수강하다 아주 큰 곤욕을 치렀다. 조경학계에서 '이
교원'은 이름 그 자체가 감히 넘볼 수 없는 신뢰이자, 고유의 스타일이었
다. 심지어 한국조경학회지에 '이교원 조경의 특성에 관한 연구'라는 주
제로 논문이 게재되고 학위논문까지 나올 정도의 절대적 존재였다.

그러한 최고 작가의 수업을 수강하는 것은 조경에 대한 디자인적 상
상력을 몇 단계 위로 올려놓을 기회였다. 이 교수님의 수업은 이론보다
는 조경현장 답사와 디자인적으로 과감한, 때로는 파격적인 수목식재에
대한 식견이 더 중요한 부분이라 항상 학기 중 몇 번의 현장답사가 병행
되었다.

문제는 그 현장답사에서 발생했다.

개인적으로는 쉽게 출입이 허락되지 않는 호화주택이 밀집된 성북동

에 시공되었던 이 교수님의 작품 답사를 마친 후 함께 했던 몇 살 연배가 어린 동기, 최상설과 개인적 담론이 시작되었다. 뒷담화라고 할 수도 있겠지만, 학문적 토론이 가미된 대화라 개인적 담론이 더 올바른 표현이겠다.

"상설아, 이 교수님의 조경설계 문제가 뭔지 알겠니?"

내가 물었다.

용산에 주둔했던 주한미군 조경현장에서 나름 인정받고, 조경팀장으로 상당한 실력을 닦아 왔던 최상설이 답했다.

"형, 나도 저만큼의 설계비를 주면 잘할 수 있겠지만, 그래도 감히 넘볼 수 없는 실력이라 뭐가 문제인지는 모르겠는데?"

개인적인 의견을 서로 몇 마디쯤 주고받다가 이쯤에서 결론을 내렸다.

"음… 이교원 교수님의 설계에는 디자인만 있고, 철학이 없어! 그래서 유명 호텔을 비롯한 그 많은 작품이 3년 또는 5년 만에 사라지거나 싹 바뀌는 거야. 유행이 지나면 시들해지듯이. 그런데 우리 궁궐이나 오래된 사찰, 그리고 전통 가옥 정원의 경우 수백 년이 지나도 그대로잖아? 그건 바로 디자인도 중요하지만, 그 공간에 철학을 담았기 때문이야. 이교원 교수님의 설계 디자인이 유행과 변화의 시류에 흔들리지 않고 더 오래 지속되려면 철학을 담아야 하는 거야!"

이렇게 사담을 주고받는데 목소리가 조금 컸었는지 우리 둘의 대화를 이 교수님이 들은 모양이다. 이날 이후 수업에서 이 교수님의 이상한 질문과 황당한 지시가 내게 집중되었다.

"권 군! 자네는 도로에 설치된 맨홀 뚜껑이 왜 동그란 모양인지 알고 있나? 답해보세요!"
"권 군, 어디 있지? 음… 일어서서 이 신문기사 큰 소리로 읽어보세요!"

전에 없던 잦은 질문과 다른 수강생들에게는 하지 않는 지시가 밀려왔다. 수업과 그다지 상관없는 느닷없는 질문과 지시였지만 용케 잘 피하면서 답변을 했다. 그렇지만 성적만은 절대 피해갈 수 없었다.
돌이켜 보면 참으로 철없던 개인적 담론에 무모한 배짱이었다. 만일 지금 다시 의견을 제시하라면 이렇게 답할 수 있을 것이다.

"이교원 교수님의 설계 디자인은 당대 최고라 할 수 있다. 거기에 철학적 깊이가 고려된다면 그 누구도 절대 흉내 낼 수 없을 만큼 훌륭할 것이다"

그렇다. 디자인과 철학은 각각의 역할이 분리된 따로국밥이 아닌, 오랜 시간 우려낸 곰탕과 같이 깊이를 더하고 함께 어우러져야 오래도록 빛나고 가치를 유지할 수 있다. 지극히 개인적인 이야기로 글을 마무리하는 이유이다.

그 무엇과도 비교할 수 없을 만큼 화려했던 영광이 탈색된 공간, 박제된 듯 딱딱하게 멈춰버린 시간들. 그곳은 지금까지 우리가 돌아본 오래된 공간, 궁궐이다. 그렇게 빛바랜 공간들이 오랜 세월을 지켜오고 이어올 수 있는 까닭은 감히 견줄 수 없는 최고의 디자인, 공간의 쓰임에 꼭 맞는 설계, 그리고 거기에 더해 깊이 있고 둔중한 철학이라는 가치가 스며있기 때문이다.

이 책을 통해 마냥 고리타분했던 옛 공간이 어느덧 향 깊고 다정한 온기로 우리 곁에 다가와 있기를 희망한다.

* 강경선·김재홍·양달섭(2000). 이야기가 있는 경복궁 나들이. 역사넷

* 강영환(2013). 한국 주거문화의 역사. 기문당

* 계성 지음. 김성우·안대회 옮김(1993). 원야. 예경

* 국립민속박물관(1999). 건축장인의 땀과 꿈. 신유문화사

* 국립중앙박물관(2006). 고구려 무덤벽화−국립중앙박물관 소장 모사도. 주자소

* 국립중앙박물관(2013). 한국의 도교 문화 행복으로 가는 길. 디자인공방

* 권영휴(2001). 한국 전통주거환경의 풍수적 해석 및 입지평가모델 개발. 고려대학교대학원 박사학위 논문

* 권오만(2015). 한국 전통공간에 내재된 풍류 문화의 원형. 고려대학교 대학원 박사학위 논문

* 김광언(1988). 한국의 주거민속지. 민음사

* 김대문 저. 이종욱 역주해(1999). 화랑세기− 신라인의 신라 이야기. 소나무

* 김덕진(2007). 소쇄원 사람들. 다홀미디어

* 김동욱(2013). 한국건축의 역사. 기문당

* 김선우(1979). 한국 주거 난방의 사적고찰. 대한건축학회지 23권 90호. pp. 17-22

* 김자경(2015). 전통주거에서 배우는 웰빙 주생활. 시공문화사

* 김재훈·방승기 공역(2015). 그림으로 쉽게 설명한 건축환경. 문운당

* 김정봉(2017). 오래된 마을 옛담 이야기. 네잎클로바

* 김종원(2013). 한국 식물 생태 보감 1 주변에서 늘 만나는 식물. 자연과 생태

* 김태식(2002). 화랑세기. 또 하나의 신라. 김영사

* 김태정(2001). 우리가 정말 알아야 할 우리 꽃 백 가지. 현암사

* 김현준·심우경(2007). 동궐도에 나타난 식재 현황 및 특징 분석. 한국전통
  조경학회지 25(2). pp.141-154

* 나희라(2005). 신라의 국가 제사. 지식산업사

* 노승대(2019). 사찰에는 도깨비도 살고 삼신할미도 산다. 불광출판사

* 데이비드 애튼보로 지음. 과학세대 옮김(1995). 식물의 사생활. 까치

* 류호천(1982). 한옥에 있어서 온돌의 굴뚝에 관한 조사연구. 대한건축학회
  지 26권 108호. pp.20-26

* 무라야마지준(村山智順) 저. 최길성 옮김(1993). 조선의 풍수. 민음사

* 문화재관리국(1990). 창덕궁원유(苑囿) 생태조사보고서(수목 및 식생 중심)

* 문화재청(2009). 경복궁 복원 기본계획

* 문화재청(2010). 경복궁 자경전 및 자경전 십장생 굴뚝 실측조사보고서. 영
  송자료출판사

* 문화재청 종묘관리소(2009). 세계유산-종묘

* 문화재청 창덕궁관리소(2012). 창덕궁 부용정 해체 실측 수리보고서

* 서영두(2004). 한국의 건축 역사. 공간출판사

* 서정호(2010). 한옥의 미. 경인문화사

* 안계복(2005). 풍류의 정원 누·정·대. 한국전통조경학회지 23(1). pp.150-
  157

* 양병이 외(1992). 한국전통조경. 도서출판조경

* 양재영·주남철(2003). 유물에서 보이는 기둥 단면형에 관한 연구. 대한건축학회논문집 계획계 19-7. pp.143-152

* 양재영·주남철(2004). 한국 고대건축의 기둥 단면형에 관한 연구. 대한건축학회논문집 계획계20-3. pp.89-98

* 유홍준(2006). 김정희, 알기 쉽게 간추린 완당평전. 학고재.

* 유홍준(2015). 나의 문화유산답사기 6 경복궁 외. 창비

* 이나가키 히데히로. 서수지 옮김(2020). 세계사를 바꾼 13가지 식물. 사람과 나무 사이

* 이덕수(2004). 신궁궐기행. 대원사

* 이유미(2001). 우리가 정말 알아야 할 우리 나무 백 가지. 현암사

* 이장우·우재호·장세후 역(2007). 고문진보 전·후집. 을유문화사

* 이중환 지음. 이익성 옮김(2006). 택리지. 을유문화사

* 일연 지음. 김원중 옮김(2003). 삼국유사 을유문화사

* 임경희(2007). 중국어 방위표현에 나타난 문화심리. 중국학연구 제40집. pp.69-90.

* 전봉희·권용찬(2012). 한옥과 한국주택의 역사. 동녘

* 정옥자(2002). 우리가 정말 알아야 할 우리 선비. 현암사

* 정우진·권오만·심우경(2014). 명대 원림서에 기술된 죽병(竹屛)의 활용과 그 의미. 한국전통조경학회지32(1). pp.83-92

* 정우진·심우경(2012). 경복궁 아미산의 조영과 조산설(造山說)에 관한 고찰. 한국전통조경학회지30(2). pp.72-89

* 정우진·심우경(2013). 조선 후기 회화작품에 나타난 취병(翠屛)의 특성. 한국전통조경학회지31(4). pp.1-21

* 조성기(1981). 한국민가의 굴뚝유형에 관한 연구. 대한건축학회지 25권 101
  호. pp.29-32'

* 조정육(2010). 그림공부. 사람공부. 아트북스

* 주남철(2003). 한국주택건축. 일지사

* 창덕궁관리소(2011). 창덕궁 낙선재 일원 무늬 연구보고서

* 천수산(2000). 중국 조선족의 좌존우비 풍속을 논함. 동양예학 2000(5).
  pp.99-114

* 최광용(2011). 도시기후 연구의 과거, 현재, 미래. 기상기술정책 vol. 4(2).
  pp.6-18

* 한영우·김대벽(2003). 창덕궁과 창경궁. 열화당. 효형출판

* 허균(2013). 한국 전통건축 장식의 비밀. 대원사

* 현승욱(2021). 신라왕경 방장(坊牆)에 관한 연구. 대한건축학회 강원지회 춘
  계학술대회 자료집

* 홍광표·이상윤(2001). 한국의 전통조경. 동국대학교출판부

* 홍광표·이상윤·정운익(2001). 한국의 전통수경관. 태림문화사

* 홍순민(2000). 우리 궁궐 이야기. 청년사

* 홍순민(2019). 조선 후기 도성문 관리 방식의 변동. 사울역사편찬원 서울과
  역사 제101호 pp.61-105

인터넷 자료

* http://db.cyberseodang.or.kr/front/main/main.do(동양고전종합DB)

* http://hanok.seoul.go.kr/front/kor/info/infoHanok.do?tab=2

* http://www.cdg.go.kr 문화재청 궁능유적본부 창덕궁관리소

* http://www.gogung.go.kr/ 국립고궁박물관

* http://www.heritage.go.kr/heri/unified/selectUnifiedList.
  do?pageNo=1_1_1_1 (문화재청 국가문화유산포털)

* https://www.heritage.go.kr/heri/cul/imgHeritage.do?ccimId=162519
  4&ccbaKdcd=13&ccbaAsno=04880000&ccbaCtcd=22 (문화재청 국가
  문화유산포털)

* http://www.royalpalace.go.kr 문화재청 궁능유적본부 경복궁관리소

* https://blog.naver.com/doorskyj/222120313541 궁궐의 제자리 찾기

* https://www.museum.go.kr/site/main/relic/search/view?relicId
  =192670)(국립중앙박물관 동십자각 외성과 석축)

독자의 이해를 돕기 위해 수록한 사진들은 저자가 직접 촬영한 사진들이거
나 온·오프라인 사용이 허락된 자료들입니다. 혹시 미흡한 사용이 있다면 저
자에게 연락을 주시면 정당한 사용을 위한 합당한 절차를 진행하겠습니다.

디자인과 철학의 공간

우리 궁궐

펴낸날 2022년 7월 25일
2쇄 펴낸날 2022년 8월 12일

지은이 권오만
펴낸이 주계수 | **편집책임** 이슬기 | **꾸민이** 전은정

펴낸곳 밥북 | **출판등록** 제 2014-000085 호
주소 서울시 마포구 양화로7길 47 2층
전화 02-6925-0370 | **팩스** 02-6925-0380
홈페이지 www.bobbook.co.kr | **이메일** bobbook@hanmail.net

© 권오만, 2022.
ISBN 979-11-5858-885-4 (03540)